初 等 数 论

陈永高　编著

科 学 出 版 社

北 京

内 容 简 介

数论是一门研究整数的历史悠久的学科，对数学思维的培养与训练有特殊的作用. 初等数论是一门重要的基础课，本书将初等数论的核心重点知识前移，用浅显易懂的方式呈现；在逻辑与思维上，尽量由浅入深；重点介绍通识方法与技巧，淡化特殊技巧，注重思想方法的学习.

全书分为六章，内容包括整除与同余、二次剩余与原根、不定方程、素数分布、实数的有理逼近以及数论题选讲与数论中未解决的问题，最后一章是本书的亮点，提供典型难题的详细解答，给出未解决的前沿问题，提升读者兴趣. 作者还选择经典题目进行板书讲解，扫描二维码可以反复学习视频.

本书为数论入门书，适合各种层次的读者学习，适合数学专业本科生与研究生的学习，也适合高中生的课外阅读.

图书在版编目(CIP)数据

初等数论/陈永高编著. —北京：科学出版社, 2023.3

ISBN 978-7-03-074630-6

Ⅰ. ①初…　Ⅱ. ①陈…　Ⅲ. ①初等数论　Ⅳ. ①O156.1

中国国家版本馆 CIP 数据核字(2023) 第 013211 号

责任编辑: 张中兴　梁　清　孙翠勤 / 责任校对: 杨聪敏
责任印制: 赵　博 / 封面设计: 蓝正设计

科学出版社 出版
北京东黄城根北街 16 号
邮政编码: 100717
http://www.sciencep.com
三河市骏杰印刷有限公司印刷
科学出版社发行　各地新华书店经销
*
2023 年 3 月第　一　版　开本: 720×1000　1/16
2024 年 7 月第四次印刷　印张: 12 1/4
字数: 247 000
定价: 59.00 元
(如有印装质量问题, 我社负责调换)

前言

PREFACE

自然数可以认为是人类最早认识的数, 早期在世界各地, 自然数的表现形式有很大的差别, 现在普遍用阿拉伯数字 $0,1,2,\cdots$ 表示, 这为后来的数学及科学的发展提供了极大的便利. 数论是一门古老的学科, 它的主要研究对象是整数. 人们对数论的兴趣主要来自于两个方面: 第一, 实际生活及其他领域的需要, 如信息安全方面就用到不少数论知识; 第二, 人们对整数本身的兴趣. 两者都极大地推动了这个学科的发展. 数论为本科阶段的后续课程近世代数提供了具体的例子, 有助于学生对抽象概念的学习与理解. 除了近世代数, 数学的许多其他分支也经常用到数论的知识, 特别是素数的有关知识. 更为重要的是, 数论对数学思维的培养与训练有特殊的作用, 这是其他学科很难替代的.

下面我们通过具体的例子来初步了解一下什么是数论, 由此也可体验一下数论的魅力.

1. 对具体的正整数 a, 计算发现, a^5 的个位数与 a 的个位数相同. 据此, 我们可以大胆地猜想: 对任何正整数 a, 整数 a^5 的个位数与 a 的个位数总相同. 试证明或推翻这个猜想.

2. 计算发现: 2^{3-1} 被 3 除, 余数为 1; 2^{5-1} 被 5 除, 余数为 1; 2^{7-1} 被 7 除, 余数为 1; 2^{11-1} 被 11 除, 余数为 1; 等等. 这里 $3,5,7,11$ 是不能分解的数, 这样的数称为素数或质数.

基于此发现, 我们自然提出如下猜想.

猜想 对任何素数 p, 整数 2^{p-1} 被 p 除, 余数总为 1.

数论的一个显著的特点是通过具体例子发现规律, 提出合理的猜想, 再进一步验证猜想, 试图找出反例或证明猜想.

3. 对具体的大于 1 的整数 n, 我们发现:

$$1+\frac{1}{2}+\frac{1}{3}+\cdots+\frac{1}{n}$$

总不是整数, 试证明这对所有大于 1 的整数 n 成立或找到反例.

4. 研究一下哪些正整数可以表示成两个整数的平方差? 如 $1=1^2-0^2$, $3=2^2-1^2$, $4=2^2-0^2$, $5=3^2-2^2$ 等等.

5. 研究一下哪些正整数可以表示成两个整数的平方和? 如 $1=1^2+0^2$, $2=1^2+1^2$, $4=2^2+0^2$, $5=2^2+1^2$ 等等.

6. 计算发现: 对具体的大于 1 的整数 n, 在 n 与 $2n$ 之间总有素数. 试证明或推翻这一结论.

7. 计算发现: 对具体的不小于 1 的整数 n, 在 n^2 与 $(n+1)^2$ 之间总有素数. 试证明或推翻这一结论.

8. 我们知道 48, 49, 50 中每个数都能被一个大于 1 的平方数整除, 试找出四个相连的正整数, 它们中的每个数都能被一个大于 1 的平方数整除. 问是否存在 100 个相连的正整数, 它们中的每个数都能被一个大于 1 的平方数整除?

9. 我们知道 $3^2+4^2=5^2, 5^2+12^2=13^2$ 等等. 问是否存在正整数 a, b, c, 使得 $a^4+b^4=c^4$?

10. 不难发现: $(x, y)=(3,2)$ 是 $x^2-2y^2=1$ 的一组正整数解, 试找出 $x^2-2y^2=1$ 的另一组正整数解. 如何给出 $x^2-2y^2=1$ 的所有正整数解?

让我们带着这些问题开始初等数论之旅.

初等数论是一门重要的基础课, 这方面的教材已经有不少. 下面介绍一下本书的特色与教学建议.

1. 本书作者长期从事数论的研究与教学, 在数论的研究方面有丰富的经验. 一方面, 有长期在普通高等学校从事本科与研究生的教学经历, 对一般学生的认知能力有较好的了解. 另一方面, 曾担任过中国数学奥林匹克委员会的副主席, 多次担任国际数学奥林匹克中国队的领队, 接触过不少非常优秀的中学生. 基于这两方面的经历, 作者在写作过程中试图兼顾各层次学生的学习.

2. 本书在逻辑与思维上, 尽量由浅入深, 适合各种层次的读者学习. 我们重点介绍通识方法与技巧, 注重思想方法的学习, 淡化特殊技巧.

3. 基础知识尽早让学生掌握, 第 1 章就将整除与同余的有关知识以循序渐进的方式展现给读者, 介绍带余除法定理、裴蜀定理、算术基本定理、p 进制表示、欧拉定理、费马小定理、中国剩余定理及威尔逊定理等在数论中无比重要的定理与概念. 第 2 章介绍二次剩余与原根. 作为二次剩余的应用, 相对于其他教材, 我们较早地介绍了两平方和定理与拉格朗日四平方和定理, 让学生感受到由初等方法得到的深刻结论, 也感受到数论的美妙. 原根是数论中比较重要的基本概念, 不少教材将原根放在比较靠后的位置, 不少学校经常讲不到原根或只涉及一点点, 我们做了调整, 更便于教学. 我们还介绍了阶的概念与性质、升幂定理, 阶的性质在数论中特别有用. 这两章是数论的基础, 希望所有学生都能很好地掌握.

4. 第 3 章介绍不定方程. 在处理二元一次不定方程时, 我们既介绍了传统的用辗转相除法给出特解的方法, 又介绍了借助一次同余式给出特解的方法. 后一方法在其他教材中没有见过. 这一章我们还介绍了佩尔方程的有关知识, 一般教材放在连分数之后, 实际教学中很难教到, 处理上也依赖连分数, 学习上增加了不少难度. 我们做了调整, 不需要连分数的知识. 实际本科教学中, 很有可能能教完这一部分, 自学也可以. 第 4 章介绍素数分布, 包括切比雪夫定理、Bertrand 假设、素数的倒数和及整数素因数的哈代–拉马努金定理等. 第 5 章介绍实数的有理逼近, 包括法里分数、代数数与超越数、刘维尔定理及连分数等. 这些内容的难度相比前面 3 章有所提升.

5. 在第 6 章中, 我们提供了一些题目, 大部分是前面章节中有一定难度的题, 其中带 * 的题不作为一般教学要求, 我们给出了这些题目的详细解答. 同时, 我们给出了一些未解决的问题, 供感兴趣的读者了解与研究. 最后, 我们提供了本书中习题的解答. 强烈建议大家尽可能自己独立解答这些习题, 不要轻易去看解答.

6. 教学建议: 本科教学可以只教前两章或前三章. 后几章可选学, 也可留给学生自学. 研究生教学可根据实际情况, 选教部分或教完前五章. 除第 1 章必学外, 其他各章之间基本没有关联, 可以根据需要与兴趣, 单独教与学. 中学生课外阅读可以先学第 1 章、2.6 节、3.1 节、4.1 节及第 6 章部分例题.

7. 学习建议: 除学习基础知识外, 勤思考及解适量的题有助于掌握初等数论的基本方法, 对理论有更好的把握.

8. 特别说明: 本书中出现的小写字母 a, b, c, m, n 等通常代表整数, 为避免繁琐, 并不是每个地方都有所说明. 我们用 $\mathbb{Z}$ 表示所有整数构成的集合. 本书没有介绍自然数的佩亚诺公理系统, 默认了最小数原理, 这更利于初学者学习数论.

9. 本书还选择部分经典题目进行讲解, 扫描二维码可以反复观看讲授视频学习.

感谢我的学生陈世强、马无瑕、聂望心、王瑞靖、胥继珍、虞汪星、赵俊佳核对了本书的初稿.

陈永高

2022 年 10 月 19 日

目 录

CONTENTS

第 1 章　整除与同余

CHAPTER

整除与同余是数论中最基本的概念, 本章将介绍整除的性质, 包括带余除法定理、裴蜀 (Bézout) 定理及 p 进制表示; 介绍同余的性质及其应用, 包括欧拉 (Euler) 定理、费马 (Fermat) 小定理、中国剩余定理. 这些都是数论中最基本的性质与定理.

1.1　整　　除

整除是数论中最基本的概念, 本节将介绍整除的概念及相关内容.

定义 1.1.1　设 a, b 为整数, $a \neq 0$, 若存在整数 k, 使得 $b = ak$, 则称 b 能被 a 整除, 或 a 能整除 b, 记为 $a \mid b$. 若这样的 k 不存在, 则称 b 不能被 a 整除, 或 a 不能整除 b, 记为 $a \nmid b$. 若 $a \mid b$, 则称 a 为 b 的因数, b 为 a 的倍数.

基本性质

(1) 若 $a \mid b$, $b \mid c$, 则 $a \mid c$.

(2) 若 $m \mid a_1, \cdots, m \mid a_n$, $k_1, \cdots, k_n$ 为整数, 则

$$m \mid k_1a_1 + \cdots + k_na_n.$$

定理 1.1.1(带余除法定理)　设 a, b 为整数, $a \neq 0$, 则存在唯一的整数对 q, r, 使得

$$b = aq + r, \quad 0 \leqslant r < |a|.$$

我们称 r 为 b 被 a 除所得的余数.

证明　存在性. 不妨设 $a > 0$. 设 q 是使得 $aq \leqslant b$ 成立的最大的整数, 则 $aq \leqslant b < a(q+1)$, 即 $0 \leqslant b - aq < a$. 令 $r = b - aq$, 我们有

$$b = aq + r, \quad 0 \leqslant r < |a|.$$

唯一性. 设

$$b = aq_1 + r_1, \quad 0 \leqslant r_1 < |a|,$$

$$b = aq_2 + r_2, \quad 0 \leqslant r_2 < |a|,$$

则 $aq_1 + r_1 = aq_2 + r_2$, 即

$$a(q_1 - q_2) = r_2 - r_1. \tag{1.1.1}$$

假设 $q_1 \neq q_2$, 则 $|a(q_1 - q_2)| \geqslant |a|$. 又 $0 \leqslant r_1, r_2 < |a|$, 故 $|r_2 - r_1| < |a|$, 与 (1.1.1) 矛盾. 因此, $q_1 = q_2$. 再由 (1.1.1) 知 $r_1 = r_2$.

定理 1.1.1 得证.

例 1　证明: 对任何整数 n, 总有 $5 \mid n^5 - n$.

证明　对于整数 n, 由带余除法定理知, 存在整数 q, r, 使得 $n = 5q + r$ $(0 \leqslant r \leqslant 4)$. 由于

$$n^5 - n = (5q + r)^5 - (5q + r) = 5K + r^5 - r,$$

其中 K 为一个整数, 故只要验证: 当 $r = 0, 1, 2, 3, 4$ 时, $5 \mid r^5 - r$. 经过验证, 这确实成立. 所以, $5 \mid n^5 - n$.

定义 1.1.2　设 $a_1, \cdots, a_n$ 为不全为 0 的整数, 若 $d \mid a_1, \cdots, d \mid a_n$, 则称 d 为 $a_1, \cdots, a_n$ 的一个公约 (因) 数. $a_1, \cdots, a_n$ 的公约数中最大的一个称为 $a_1, \cdots, a_n$ 的最大公约 (因) 数, 记为 $(a_1, \cdots, a_n)$.

若 $(a_1, \cdots, a_n) = 1$, 则称 $a_1, \cdots, a_n$ 互素. 特别地, 若 $(a, b) = 1$, 则称整数 a 与 b 互素.

定理 1.1.2　设 a, b 为不全为零的整数, 则对任何整数 k, 总有

$$(a, b) = (a - bk, b).$$

证明　令 $d_1 = (a, b)$, $d_2 = (a - bk, b)$. 由整除的性质及最大公约数的定义知

$$d_1 \mid a,\ d_1 \mid b \Rightarrow d_1 \mid a - bk,\ d_1 \mid b \Rightarrow d_1 \leqslant d_2,$$

$$d_2 \mid a - bk,\ d_2 \mid b \Rightarrow d_2 \mid a - bk + bk,\ d_2 \mid b \Rightarrow d_2 \mid a, d_2 \mid b \Rightarrow d_2 \leqslant d_1.$$

因此, $d_1 = d_2$, 即 $(a, b) = (a - bk, b)$.

定理 1.1.2 得证.

辗转相除法　设 a, b 为正整数, $a > b$, 由带余除法定理知

$$\begin{aligned}
a &= bq_1 + r_1, \quad 0 < r_1 < b, \\
b &= r_1 q_2 + r_2, \quad 0 < r_2 < r_1, \\
&\cdots\cdots \\
r_{n-2} &= r_{n-1} q_n + r_n, \quad 0 < r_n < r_{n-1}, \\
r_{n-1} &= r_n q_{n+1}.
\end{aligned}$$

由于 $b > r_1 > r_2 > \cdots$ 及不超过 b 的正整数只有 b 个, 故上述过程一定会终止.

由定理 1.1.2 知

$$(a,b) = (a - bq_1, b) = (r_1, b) = (r_1, b - r_1q_2) = (r_1, r_2) = \cdots = (r_n, 0) = r_n,$$

即辗转相除法的最后一个非零余数就是 a, b 的最大公约数.

由辗转相除法的关系式可得

$$\begin{aligned}
r_1 &= a + b(-q_1) := au_1 + bv_1, \\
r_2 &= b - r_1q_2 = b - (au_1 + bv_1)q_2 := au_2 + bv_2, \\
&\quad \cdots\cdots \\
r_n &= r_{n-2} - r_{n-1}q_n = au_{n-2} + bv_{n-2} - (au_{n-1} + bv_{n-1})q_n := au_n + bv_n.
\end{aligned}$$

特别地, $(a,b) = au_n + bv_n$. 由此很容易得到如下定理.

定理 1.1.3 (裴蜀定理)　对于任给的不全为零的整数 a, b, 总存在整数 u, v, 使得

$$au + bv = (a, b).$$

证明　若 a, b 中有一个为零, 不妨设 $b = 0$, 则取 $u \in \{-1, 1\}$, 使得 $au = |a|$. 这样, 对任何整数 v, 有

$$au + bv = |a| = (a, 0) = (a, b).$$

下设 a, b 均不为零. 由辗转相除法知, 存在整数 s, t, 使得 $|a|s + |b|t = (|a|, |b|)$. 由最大公约数的定义知, $(|a|, |b|) = (a, b)$. 取 $u \in \{-s, s\}$, $v \in \{-t, t\}$, 使得 $|a|s = au$, $|b|t = bv$. 这样, $au + bv = (a, b)$.

裴蜀定理得证.

例 2　求 1491 与 3619 的最大公约数, 并求整数 u, v, 使得

$$1491u + 3619v = (1491, 3619).$$

解　首先对 1491 与 3619 进行辗转相除法:

$$3619 = 1491 \times 2 + 637, \quad 1491 = 637 \times 2 + 217, \quad 637 = 217 \times 2 + 203,$$

$$217 = 203 \times 1 + 14, \quad 203 = 14 \times 14 + 7, \quad 14 = 7 \times 2.$$

因此, $(1491, 3619) = 7$,

$$7 = 203 - 14 \times 14 = 203 - 14(217 - 203)$$

$$
\begin{aligned}
&= 15 \times 203 - 14 \times 217 = 15(637 - 217 \times 2) - 14 \times 217 \\
&= 15 \times 637 - 44 \times 217 = 15 \times 637 - 44(1491 - 637 \times 2) \\
&= 103 \times 637 - 44 \times 1491 = 103(3619 - 1491 \times 2) - 44 \times 1491 \\
&= 1491 \times (-250) + 3619 \times 103.
\end{aligned}
$$

所以, 可取 $u = -250$, $v = 103$.

附注 例 2 中的 u, v 不唯一.

一般地, 有如下定理.

定理 1.1.4 对于任给的不全为零的整数 $a_1, \cdots, a_n$, 总存在整数 $u_1, \cdots, u_n$, 使得

$$a_1u_1 + \cdots + a_nu_n = (a_1, \cdots, a_n).$$

证明 由于 $a_1a_1 + \cdots + a_na_n > 0$, 故存在形如

$$a_1x_1 + \cdots + a_nx_n, \quad x_1, \cdots, x_n \in \mathbb{Z}$$

的正整数, 设 $a_1u_1 + \cdots + a_nu_n$ 是这样的正整数中最小的一个, 下证 $a_1u_1 + \cdots + a_nu_n$ 是 $a_1, \cdots, a_n$ 的最大公约数, 即

$$a_1u_1 + \cdots + a_nu_n = (a_1, \cdots, a_n).$$

令 $d = a_1u_1 + \cdots + a_nu_n$. 根据最大公约数的定义, 需要证明如下两点.

第一点: d 是 $a_1, \cdots, a_n$ 的公约数.

第二点: $a_1, \cdots, a_n$ 的公约数均不超过 d.

首先证明: d 为 $a_1, \cdots, a_n$ 的公约数. 对每个 i, 由带余除法定理知, $a_i = dq_i + r_i$ $(0 \leqslant r_i < d)$. 由此知

$$r_i = a_i - dq_i = a_i - (a_1u_1 + \cdots + a_nu_n)q_i.$$

简单整理后知, r_i 也具有形式

$$a_1x_1 + \cdots + a_nx_n.$$

又 $0 \leqslant r_i < d$, 故由 d 的定义知, $r_i = 0$, 即 $d \mid a_i$. 这就证明了: d 为 $a_1, \cdots, a_n$ 的公约数.

其次, 设 d' 为 $a_1, \cdots, a_n$ 的一个公约数, 则 d' 为 $a_1u_1 + \cdots + a_nu_n$ 的因数. 又 $a_1u_1 + \cdots + a_nu_n > 0$, 故

$$d' \leqslant a_1u_1 + \cdots + a_nu_n = d.$$

综上, d 为 $a_1,\cdots,a_n$ 的最大公约数. 所以

$$a_1u_1+\cdots+a_nu_n=d=(a_1,\cdots,a_n).$$

定理 1.1.4 得证.

定理 1.1.3 的证明是构造性的证明, 给定 a,b 后, 由辗转相除法可得到 u,v. 定理 1.1.4 的证明是存在性的证明, 给定 $a_1,\cdots,a_n$, 不能利用证明得到 $u_1,\cdots,u_n$.

定理 1.1.5 对于任给的正整数 k 及不全为零的整数 $a_1,\cdots,a_n$, 总有

$$(ka_1,\cdots,ka_n)=k(a_1,\cdots,a_n).$$

证明 只要证明: $k(a_1,\cdots,a_n)$ 是 $ka_1,\cdots,ka_n$ 的最大公约数.

根据最大公约数的定义, 只要证明如下两点.

(1) $k(a_1,\cdots,a_n)$ 为 $ka_1,\cdots,ka_n$ 的一个公约数.

(2) $ka_1,\cdots,ka_n$ 的公约数均不超过 $k(a_1,\cdots,a_n)$.

由于

$$(a_1,\cdots,a_n)\mid a_i,\quad 1\leqslant i\leqslant n,$$

故

$$k(a_1,\cdots,a_n)\mid ka_i,\quad 1\leqslant i\leqslant n,$$

即 $k(a_1,\cdots,a_n)$ 为 $ka_1,\cdots,ka_n$ 的一个公约数.

现设 d 为 $ka_1,\cdots,ka_n$ 的一个公约数. 试图证明: $d\leqslant k(a_1,\cdots,a_n)$.

由定理 1.1.4 知, 存在整数 $u_1,\cdots,u_n$, 使得

$$a_1u_1+\cdots+a_nu_n=(a_1,\cdots,a_n).$$

由此得

$$ka_1u_1+\cdots+ka_nu_n=k(a_1,\cdots,a_n).$$

由于 $d\mid ka_i$ $(1\leqslant i\leqslant n)$, 故

$$d\mid ka_1u_1+\cdots+ka_nu_n,$$

即 $d\mid k(a_1,\cdots,a_n)$. 从而 $d\leqslant k(a_1,\cdots,a_n)$.

综上, $k(a_1,\cdots,a_n)$ 为 $ka_1,\cdots,ka_n$ 的最大公约数, 即

$$(ka_1,\cdots,ka_n)=k(a_1,\cdots,a_n).$$

定理 1.1.5 得证.

定理 1.1.6　设 $a_1, \cdots, a_n$ 是不全为零的整数, 则 $d \mid a_1, \cdots, d \mid a_n$ 的充要条件是 $d \mid (a_1, \cdots, a_n)$.

证明　充分性. 设

$$d \mid (a_1, \cdots, a_n).$$

由于

$$(a_1, \cdots, a_n) \mid a_i, \quad 1 \leqslant i \leqslant n,$$

故 $d \mid a_i \ (1 \leqslant i \leqslant n)$.

必要性. 设 $d \mid a_i \ (1 \leqslant i \leqslant n)$. 由定理 1.1.4 知, 存在整数 $u_1, \cdots, u_n$, 使得

$$a_1u_1 + \cdots + a_nu_n = (a_1, \cdots, a_n).$$

由 $d \mid a_i \ (1 \leqslant i \leqslant n)$ 知

$$d \mid a_1u_1 + \cdots + a_nu_n,$$

即 $d \mid (a_1, \cdots, a_n)$.

定理 1.1.6 得证.

定理 1.1.7　若 $(a, b) = 1$, 则 $(a, bc) = (a, c)$.

证明　由 $(a, c) \mid a$, $(a, c) \mid c$ 知

$$(a, c) \mid a, \quad (a, c) \mid bc.$$

根据最大公约数的定义得 $(a, c) \leqslant (a, bc)$. 由定理 1.1.3 知, 存在整数 u, v, 使得 $au + bv = (a, b) = 1$. 由此得 $acu + bcv = c$. 因此, $(a, bc) \mid c$. 又 $(a, bc) \mid a$, 故根据最大公约数的定义得 $(a, bc) \leqslant (a, c)$. 综上, $(a, bc) = (a, c)$.

定理 1.1.7 得证.

定理 1.1.8　若 $a \mid bc$, $(a, b) = 1$, 则 $a \mid c$.

证明　由条件及定理 1.1.7 知, $(a, c) = (a, bc) = |a|$. 因此, $|a| \mid c$, 即 $a \mid c$.

定理 1.1.8 得证.

定理 1.1.9　若 $(a, b_i) = 1 \ (1 \leqslant i \leqslant n)$, 则 $(a, b_1 \cdots b_n) = 1$.

证明　反复利用定理 1.1.7 得

$$(a, b_1 \cdots b_n) = (a, b_2 \cdots b_n) = \cdots = (a, b_n) = 1.$$

定理 1.1.9 得证.

下面介绍 p 进制, 通常我们用十进制表示数, 如 125 表示 $10^2 + 2 \cdot 10 + 5$, 计算机使用的是二进制.

定理 1.1.10 设 p 为任给定的大于 1 的整数, 则每个正整数均可唯一地表示成如下形式:

$$n = a_k p^k + a_{k-1} p^{k-1} + \cdots + a_1 p + a_0, \tag{1.1.2}$$

其中 $a_0, \cdots, a_k$ 为整数, $0 \leqslant a_i < p\ (0 \leqslant i \leqslant k-1)$, $0 < a_k < p$.

我们称 (1.1.2) 为 n 的 p 进制表示, 也可写成 $n = (a_k a_{k-1} \cdots a_0)_p$.

证明 我们利用数学归纳法证明该定理. 当 $1 \leqslant n < p$ 时, $k = 0$, $a_0 = n$.

假设对于 $1 \leqslant m < n\ (n \geqslant p)$, m 可唯一地表示成 (1.1.2) 的形式. 现在证明 n 可唯一地表示成 (1.1.2) 的形式. 由带余除法定理知, 存在唯一的一对整数 n_1 及 a_0, 使得 $n = pn_1 + a_0$, $0 \leqslant a_0 < p$. 由于 $n \geqslant p$, 故 $1 \leqslant n_1 < n$. 根据归纳假设, n_1 可唯一地表示成如下形式:

$$n_1 = a_k p^{k-1} + a_{k-1} p^{k-2} + \cdots + a_2 p + a_1,$$

其中 $a_1, \cdots, a_k$ 为整数, $0 \leqslant a_i < p\ (1 \leqslant i \leqslant k-1)$, $0 < a_k < p$. 这样

$$n = pn_1 + a_0 = a_k p^k + a_{k-1} p^{k-1} + \cdots + a_1 p + a_0.$$

假设 n 还可以表示成

$$n = b_l p^l + b_{l-1} p^{l-1} + \cdots + b_1 p + b_0,$$

其中 $b_0, \cdots, b_l$ 为整数, $0 \leqslant b_i < p\ (0 \leqslant i \leqslant l-1)$, $0 < b_l < p$. 令

$$n_1' = b_l p^{l-1} + b_{l-1} p^{l-2} + \cdots + b_2 p + b_1,$$

则 $n = pn_1' + b_0$, $0 \leqslant b_0 < p$. 由带余除法的唯一性知, $n_1' = n_1$, $b_0 = a_0$. 再由 n_1 表示的唯一性知, $l = k$, $b_i = a_i\ (1 \leqslant i \leqslant k)$.

定理 1.1.10 得证.

例 3 写出 233 的 5 进制表示.

解 我们有

$$233 = 5 \times 46 + 3 = 5(5 \times 9 + 1) + 3 = 5^2(5 + 4) + 5 + 3 = 5^3 + 4 \times 5^2 + 5 + 3.$$

所以, 233 的 5 进制表示为 $(1413)_5$.

习　题　1.1

1. 设 a 为奇数, 证明: $8 \mid a^2 - 1$.
2. 求 15912 与 5083 的最大公约数, 并求整数 u, v, 使得

$$15912u + 5083v = (15912, 5083).$$

3. 设 n 为正整数, 证明: n^5 与 n 有相同的个位数.

4. 设 a, b 为不全为 0 的整数, 证明:

$$\left(\frac{a}{(a,b)}, \frac{b}{(a,b)}\right) = 1.$$

5. 证明: 不存在整数 a, b, c, 使得 $4a + 3 = b^2 + c^2$.

6. 设 n 为整数, 证明: $(5n + 3, 7n + 4) = 1$.

7. 设 a, b, c 为整数, $a \neq 0$, $a \mid b^2 + c^2$, a 与 b 互素, 证明: a 与 c 互素.

8. 写出 127 的 7 进制表示.

9. 设 a, b 为正整数, 证明: $2^a - 1 \mid 2^b - 1$ 当且仅当 $a \mid b$.

10. 设 m, n 为正整数, 证明: $(2^m - 1, 2^n - 1) = 2^{(m,n)} - 1$.

11. 证明: $\sqrt{2}$ 是无理数.

12. 设 $a_1, \cdots, a_n$ 都是非零整数, 证明:

习题1.1第9题

习题1.1第10题

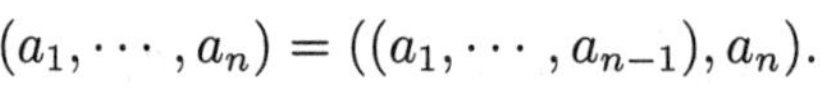

$$(a_1, \cdots, a_n) = ((a_1, \cdots, a_{n-1}), a_n).$$

1.2　同　　余

同余是数论中最基本的概念之一, 同余理论是数论中最基本的内容, 本节将介绍这一理论, 其中包括数论中最常用的几个定理: 欧拉定理、费马小定理、中国剩余定理.

定义 1.2.1　设 m 为正整数, a, b 为整数, 若 a, b 被 m 除, 余数相同, 即 $m \mid a - b$, 则称 a, b 模 m 同余, 记为 $a \equiv b \pmod{m}$. 否则, 我们称 a, b 模 m 不同余, 记为 $a \not\equiv b \pmod{m}$.

同余有以下基本性质.

基本性质 1　若 $a \equiv b \pmod{m}$, $b \equiv c \pmod{m}$, 则 $a \equiv c \pmod{m}$.

证明留给读者.

基本性质 2　若 $a \equiv b \pmod{m}$, $c \equiv d \pmod{m}$, 则

$$a + c \equiv b + d \pmod{m},$$

$$a - c \equiv b - d \pmod{m},$$

$$ac \equiv bd \pmod{m}.$$

证明　由 $a \equiv b \pmod{m}$, $c \equiv d \pmod{m}$ 得 $a = b + mk$, $c = d + ml$. 因此

$$a + c = b + d + m(k + l), \quad a - c = b - d + m(k - l),$$

$$ac = (b + mk)(d + ml) = bd + m(bl + kd + mkl).$$

所以

$$a + c \equiv b + d \pmod{m}, \quad a - c \equiv b - d \pmod{m}, \quad ac \equiv bd \pmod{m}.$$

由基本性质 2 立即得到下列性质.

基本性质 3　设 $f(x)$ 为整系数多项式, $a \equiv b \pmod{m}$, 则

$$f(a) \equiv f(b) \pmod{m}.$$

基本性质 4　若 $ac \equiv bc \pmod{m}$, $(c, m) = 1$, 则 $a \equiv b \pmod{m}$.

证明　由 $ac \equiv bc \pmod{m}$ 知, $m \mid ac - bc$, 即 $m \mid c(a - b)$. 再由 $(c, m) = 1$ 得 $m \mid a - b$. 所以, $a \equiv b \pmod{m}$.

基本性质 5　设 k 为正整数, 则 $ak \equiv bk \pmod{mk}$ 当且仅当 $a \equiv b \pmod{m}$.

证明留给读者.

例 1　求 3^{123} 的末尾两位数.

解　相当于计算 $3^{123} \pmod{100}$, 注意到 $100 = 4 \times 25$, 先计算 $3^{123} \pmod{4}$ 与 $3^{123} \pmod{25}$.

由于 $3 \equiv -1 \pmod{4}$, 故

$$3^{123} \equiv (-1)^{123} \equiv -1 \pmod{4}. \tag{1.2.1}$$

下面计算 $3^{123} \pmod{25}$. 我们有 $3^2 = 10 - 1$,

$$\begin{aligned} 3^{10} = (10 - 1)^5 &= \sum_{i=0}^{5} \mathrm{C}_5^i 10^i (-1)^{5-i} \\ &\equiv \mathrm{C}_5^0 10^0 (-1)^5 + \mathrm{C}_5^1 10^1 (-1)^4 \equiv -1 \pmod{25}. \end{aligned}$$

从而

$$3^{20} \equiv (-1)^2 \equiv 1 \pmod{25}.$$

因此

$$3^{123} = (3^{20})^6 \cdot 3^3 \equiv 3^3 \equiv 2 \pmod{25}. \tag{1.2.2}$$

设 3^{123} 的末尾两位数为 a, 则由 (1.2.2) 知, $a \in \{02, 27, 52, 77\}$. 再由 (1.2.1) 知, $a = 27$. 所以, 3^{123} 的末尾两位数为 27.

例 2　设 n 为正整数, $7^n \equiv 5 \pmod{13}$, 证明: $n \equiv 3 \pmod{12}$.

证明　我们有

$$7^1 = 7, \quad 7^2 \equiv 10 \pmod{13}, \quad 7^3 \equiv 10 \times 7 \equiv 5 \pmod{13},$$

$$7^4 \equiv 5 \times 7 \equiv -4 \pmod{13}, \quad 7^5 \equiv -4 \times 7 \equiv -2 \pmod{13},$$

$$7^6 \equiv -2 \times 7 \equiv -1 \pmod{13}, \quad 7^7 \equiv -7 \pmod{13},$$

$$7^8 \equiv 7^6 \times 7^2 \equiv -10 \pmod{13}, \quad 7^9 \equiv 7^6 \times 7^3 \equiv -5 \pmod{13},$$

$$7^{10} \equiv 7^6 \times 7^4 \equiv 4 \pmod{13}, \quad 7^{11} \equiv 7^6 \times 7^5 \equiv 2 \pmod{13},$$

$$7^{12} \equiv 7^6 \times 7^6 \equiv 1 \pmod{13}.$$

对于正整数 n, 由带余除法定理知, 存在整数 q, r, 使得 $n = 12q + r$, $0 \leqslant r < 12$. 由 $n > 0$ 得 $q \geqslant 0$. 根据同余的性质知

$$7^n = (7^{12})^q 7^r \equiv 1 \times 7^r \equiv 7^r \pmod{13}.$$

由于 $7^n \equiv 5 \pmod{13}$, 故 $7^r \equiv 5 \pmod{13}$. 根据以上的计算有 $r = 3$. 所以, $n \equiv 3 \pmod{12}$.

例 3 如果一个正整数能表示成两个大于 1 的整数之积, 那么称这个正整数为合数. 证明: 存在无穷多个正整数 n, 使得 $(n+1)^4 + n^5$ 为合数.

证明 当 $n = 1$ 时, $(n+1)^4 + n^5 = 17$. 因此, 当 $n \equiv 1 \pmod{17}$ 时,

$$(n+1)^4 + n^5 \equiv (1+1)^4 + 1^5 \equiv 0 \pmod{17}.$$

当 $n > 1$ 时, $(n+1)^4 + n^5 > 17$. 所以存在无穷多个正整数 n, 使得 $(n+1)^4 + n^5$ 为合数.

下面我们学习数论中两个重要的概念: 完全剩余系与简化剩余系.

定义 1.2.2 若 m 个整数 $a_1, \cdots, a_m$ 模 m 两两不同余, 即它们被 m 除, 余数正好是 $0, 1, \cdots, m-1$ 的一个排列, 则称 $a_1, \cdots, a_m$ 为模 m 的一个完全剩余系.

例 4 $0, 5, 1$ 是模 3 的一个完全剩余系; $3, 5, 7$ 也是模 3 的一个完全剩余系.

定理 1.2.1 如果 $a_1, \cdots, a_m$ 是模 m 的一个完全剩余系, 那么对于每一个整数 n, 总存在唯一的下标 i, 使得 $n \equiv a_i \pmod{m}$.

证明 设 n 被 m 除, 所得余数为 r. 由 $a_1, \cdots, a_m$ 是模 m 的一个完全剩余系知, 存在下标 i, 使得 a_i 被 m 除所得的余数也是 r. 由同余的定义知

$$n \equiv a_i (\mathrm{mod} m).$$

又由 $a_1, \cdots, a_m$ 是模 m 的完全剩余系知, $a_1, \cdots, a_m$ 模 m 两两不同余, 所以, 满足 $n \equiv a_i \pmod{m}$ 的 i 是唯一的.

定理 1.2.1 得证.

定理 1.2.2 设 u, v 为整数, $(u, m) = 1$, 如果 $a_1, \cdots, a_m$ 是模 m 的一个完全剩余系, 那么 $ua_1 + v, \cdots, ua_m + v$ 也是模 m 的一个完全剩余系.

证明 只要证明 $ua_1+v,\cdots,ua_m+v$ 模 m 两两不同余. 设

$$ua_i+v\equiv ua_j+v \pmod{m},$$

则 $ua_i\equiv ua_j \pmod{m}$. 又 $(u,m)=1$, 故 $a_i\equiv a_j \pmod{m}$. 由于 $a_1,\cdots,a_m$ 是模 m 的一个完全剩余系, 故 $i=j$. 这就证明了: $ua_1+v,\cdots,ua_m+v$ 模 m 两两不同余. 所以, $ua_1+v,\cdots,ua_m+v$ 是模 m 的一个完全剩余系.

定理 1.2.2 得证.

定理 1.2.2 的结论也可表述为: 如果 $(u,m)=1$, 那么当 x 通过模 m 的一个完全剩余系时, $ux+v$ 也通过模 m 的一个完全剩余系.

定理 1.2.3 设 m_1,m_2 为互素的正整数, 则当 x_1,x_2 分别通过模 m_1,m_2 的完全剩余系时, $m_1x_2+m_2x_1$ 通过模 m_1m_2 的一个完全剩余系.

证明 当 x_1,x_2 分别通过模 m_1,m_2 的完全剩余系时, $m_1x_2+m_2x_1$ 通过 m_1m_2 个数. 只要证明这 m_1m_2 个数模 m_1m_2 两两不同余即可. 设

$$m_1x_2+m_2x_1\equiv m_1x_2'+m_2x_1' \pmod{m_1m_2}, \tag{1.2.3}$$

其中 x_1,x_1' 属于模 m_1 的同一个完全剩余系, x_2,x_2' 属于模 m_2 的同一个完全剩余系. 我们将证明: $x_1=x_1'$, $x_2=x_2'$.

由 (1.2.3) 式得

$$m_1x_2+m_2x_1\equiv m_1x_2'+m_2x_1' \pmod{m_1}.$$

因此

$$m_2x_1\equiv m_2x_1' \pmod{m_1}. \tag{1.2.4}$$

根据 (1.2.4) 式及 $(m_1,m_2)=1$, 有 $x_1\equiv x_1' \pmod{m_1}$. 由于 x_1,x_1' 属于模 m_1 的同一个完全剩余系, 故 $x_1=x_1'$. 同理: $x_2=x_2'$. 这就证明了: 当 x_1,x_2 分别通过模 m_1,m_2 的完全剩余系时, $m_1x_2+m_2x_1$ 通过的 m_1m_2 个数模 m_1m_2 两两不同余. 所以, 当 x_1,x_2 分别通过模 m_1,m_2 的完全剩余系时, $m_1x_2+m_2x_1$ 通过模 m_1m_2 的一个完全剩余系.

定理 1.2.3 得证.

对于实数 x, 使得 $n\leqslant x<n+1$ 成立的整数 n 称为 x 的整数部分, 记为 $[x]=n$. 令 $\{x\}=x-n$, 称 $\{x\}$ 为 x 的小数部分. 我们有 $x=[x]+\{x\}$, $0\leqslant\{x\}<1$. 如 $[3.1]=3$, $\{3.1\}=0.1$, $[2\pi]=6$, $[-0.2]=-1$, $\{-0.2\}=0.8$.

例 5 设 $a_1,\cdots,a_m$ 是模 m 的完全剩余系, 证明:

$$\sum_{i=1}^{m}\left\{\frac{a_i}{m}\right\}=\frac{1}{2}(m-1).$$

证明 设 a_i 被 m 除, 余数为 r_i, 则 $r_1,\cdots,r_m$ 是 $0,1,\cdots,m-1$ 的一个排列. 因此

$$\sum_{i=1}^{m}\left\{\frac{a_i}{m}\right\}=\sum_{i=1}^{m}\left\{\frac{r_i}{m}\right\}=\sum_{i=1}^{m}\frac{r_i}{m}=\sum_{r=0}^{m-1}\frac{r}{m}=\frac{1}{2}(m-1).$$

例 6 设 u,v 为整数, $(u,m)=1$, 证明:

$$\sum_{k=1}^{m}\left\{\frac{uk+v}{m}\right\}=\frac{1}{2}(m-1).$$

证明 由定理 1.2.2 知, $uk+v\ (k=1,2,\cdots,m)$ 为模 m 的一个完全剩余系. 由例 5 知, 例 6 的结论成立.

最后, 我们来介绍简化剩余系的概念.

定义 1.2.3 模 m 的一个完全剩余系中与 m 互素的数的全体称为模 m 的一个简化剩余系.

定理 1.2.4 如果 $a_1,\cdots,a_t$ 是模 m 的一个简化剩余系, 那么对于每一个与 m 互素的整数 n, 总存在唯一的下标 i, 使得 $n\equiv a_i \pmod m$.

证明 由简化剩余系的定义知, $a_1,\cdots,a_t$ 是模 m 的一个完全剩余系中与 m 互素的数的全体, 不妨设 $a_1,\cdots,a_m$ 是这样的一个完全剩余系. 设 n 是一个与 m 互素的整数, 由定理 1.2.1 知, 存在唯一的下标 i, 使得 $n\equiv a_i \pmod m$. 只要证明 $1\leqslant i\leqslant t$ 即可. 设 $n=a_i+mq$, 则

$$(a_i,m)=(a_i+mq,m)=(n,m)=1.$$

由于 $a_1,\cdots,a_t$ 是模 m 的完全剩余系 $a_1,\cdots,a_m$ 中与 m 互素的数的全体, 故 $1\leqslant i\leqslant t$.

定理 1.2.4 得证.

定理 1.2.5 如果 $a_1,\cdots,a_t$ 是模 m 的简化剩余系, 那么 $a_1,\cdots,a_t$ 被 m 除, 余数正好是 $0,1,\cdots,m-1$ 中与 m 互素的所有数的一个排列.

证明 由简化剩余系的定义知, $a_1,\cdots,a_t$ 是模 m 的一个完全剩余系中与 m 互素的数的全体, 不妨设 $a_1,\cdots,a_m$ 是这样的一个完全剩余系, 它们被 m 除, 余数分别为 $r_1,\cdots,r_m$. 根据完全剩余系的定义, $r_1,\cdots,r_m$ 正好是 $0,1,\cdots,m-1$ 的一个排列.

设 $a_i=mq_i+r_i\ (1\leqslant i\leqslant m)$, 则

$$(a_i,m)=(a_i-mq_i,m)=(r_i,m),\quad 1\leqslant i\leqslant m.$$

因此, $(a_i,m)=1$ 当且仅当 $(r_i,m)=1$. 由于 $(a_i,m)=1$ 当且仅当 $1\leqslant i\leqslant t$, 故 $(r_i,m)=1$ 当且仅当 $1\leqslant i\leqslant t$. 所以, $r_1,\cdots,r_t$ 正好是 $0,1,\cdots,m-1$ 中与 m 互素的所有数的一个排列.

定理 1.2.5 得证.

定义 1.2.4　$0,1,\cdots,m-1$ 中与 m 互素的数的个数记为 $\varphi(m)$, 称其为 m 的欧拉函数值.

例如: $\varphi(1)=1$, $\varphi(2)=1$, $\varphi(3)=2$, $\varphi(4)=2$, 等等. 对于素数 p, 总有 $\varphi(p)=p-1$. 由 $\varphi(m)$ 的定义及定理 1.2.5 立即得到如下推论.

推论 1.2.1　模 m 的简化剩余系所含元素个数都一样, 均为 $\varphi(m)$.

定理 1.2.6　设 $\varphi(m)$ 个整数 $a_1,\cdots,a_{\varphi(m)}$ 均与 m 互素, 它们模 m 两两不同余, 则 $a_1,\cdots,a_{\varphi(m)}$ 是模 m 的一个简化剩余系.

证明　设 $a_1,\cdots,a_{\varphi(m)}$ 被 m 除所得余数分别为 $r_1,\cdots,r_{\varphi(m)}$. 由条件知, $r_1,\cdots,r_{\varphi(m)}$ 均与 m 互素, 并且两两不同. 由于 $0,1,\cdots,m-1$ 中与 m 互素的数的个数为 $\varphi(m)$, 故 $r_1,\cdots,r_{\varphi(m)}$ 正好是 $0,1,\cdots,m-1$ 中所有与 m 互素的数的一个排列. 将 $0,1,\cdots,m-1$ 重排成 $r_1,\cdots,r_m$, 则 $a_1,\cdots,a_{\varphi(m)},r_{\varphi(m)+1},\cdots,r_m$ 被 m 除所得余数分别为 $r_1,\cdots,r_m$, 正好是 $0,1,\cdots,m-1$ 的一个排列. 所以, $a_1,\cdots,a_{\varphi(m)},r_{\varphi(m)+1},\cdots,r_m$ 是模 m 的一个完全剩余系, 其中所有与 m 互素的数为 $a_1,\cdots,a_{\varphi(m)}$. 从而, $a_1,\cdots,a_{\varphi(m)}$ 是模 m 的简化剩余系.

定理 1.2.6 得证.

定理 1.2.7　设 u 为整数, $(u,m)=1$, 如果 $a_1,\cdots,a_{\varphi(m)}$ 是模 m 的一个简化剩余系, 那么 $ua_1,\cdots,ua_{\varphi(m)}$ 也是模 m 的一个简化剩余系.

证明　由于 $(u,m)=1$, 故 $(ua_i,m)=(a_i,m)=1$ $(1\leqslant i\leqslant\varphi(m))$. 若 $ua_i\equiv ua_j \pmod m$, 则由 $(u,m)=1$ 知, $a_i\equiv a_j \pmod m$, 从而, $i=j$. 由定理 1.2.6 即得定理 1.2.7.

定理 1.2.8　设 m_1,m_2 为互素的正整数, 则当 x_1,x_2 分别通过模 m_1,m_2 的简化剩余系时, $m_1x_2+m_2x_1$ 通过模 m_1m_2 的一个简化剩余系.

证明　由定理 1.2.3 知, 当 x_1,x_2 分别通过模 m_1,m_2 的完全剩余系时, $m_1x_2+m_2x_1$ 通过模 m_1m_2 的一个完全剩余系. 而简化剩余系是一个完全剩余系中与模互素的数的全体, 因此, 只要证明

$$(m_1x_2+m_2x_1,m_1m_2)=1\Leftrightarrow(x_1,m_1)=1,(x_2,m_2)=1.$$

事实上,

$$\begin{aligned}(m_1x_2+m_2x_1,m_1m_2)=1&\Leftrightarrow(m_1x_2+m_2x_1,m_1)=1,(m_1x_2+m_2x_1,m_2)=1\\&\Leftrightarrow(m_2x_1,m_1)=1,(m_1x_2,m_2)=1\end{aligned}$$

$$\Leftrightarrow (x_1, m_1) = 1, (x_2, m_2) = 1,$$

最后一步用到了 m_1, m_2 互素.

定理 1.2.8 得证.

由定理 1.2.8 立即得到如下推论.

推论 1.2.2 当 $(m_1, m_2) = 1$ 时, $\varphi(m_1 m_2) = \varphi(m_1)\varphi(m_2)$.

证明 一方面, 当 x_1, x_2 分别通过模 m_1, m_2 的简化剩余系时, x_1, x_2 分别通过 $\varphi(m_1)$, $\varphi(m_2)$ 个数, 从而, $m_1 x_2 + m_2 x_1$ 通过 $\varphi(m_1)\varphi(m_2)$ 个数. 另一方面, 当 x_1, x_2 分别通过模 m_1, m_2 的简化剩余系时, 由定理 1.2.8 知, $m_1 x_2 + m_2 x_1$ 通过模 $m_1 m_2$ 的一个简化剩余系, 从而, $m_1 x_2 + m_2 x_1$ 通过 $\varphi(m_1 m_2)$ 个数. 所以, $\varphi(m_1 m_2) = \varphi(m_1)\varphi(m_2)$.

推论 1.2.2 得证.

定义在正整数集上的函数称为数论函数. 设 $f(n)$ 为数论函数, 若对于任何满足 $(m_1, m_2) = 1$ 的正整数 m_1, m_2, 总有 $f(m_1 m_2) = f(m_1)f(m_2)$, 则称 $f(n)$ 为积性函数. 若对于任何正整数 m_1, m_2, 总有 $f(m_1 m_2) = f(m_1)f(m_2)$, 则称 $f(n)$ 为完全积性函数. 上面推论说明: 欧拉函数 $\varphi(n)$ 是积性函数.

习 题 1.2

1. 求 7^{333} 的末尾两位数.

2. 设 d 为正整数, $f(x)$ 为整系数多项式, $d \mid f(k)$ $(k = 1, \cdots, d)$, 证明: 对任何整数 n, 总有 $d \mid f(n)$.

3. 设 m 为正整数, $a_1, \cdots, a_k$ 为整数, 对于每一个整数 n, 总存在唯一的下标 $1 \leqslant i \leqslant k$, 使得 $n \equiv a_i \pmod{m}$, 证明: $k = m$ 且 $a_1, \cdots, a_k$ 是模 m 的一个完全剩余系.

4. 设 m 是大于 2 的整数, $a_1, \cdots, a_m$ 为整数, 证明: $a_1^2, \cdots, a_m^2$ 一定不是模 m 的完全剩余系.

5. 设 m 为正整数, $a_1, \cdots, a_{\varphi(m)}$ 和 $b_1, \cdots, b_{\varphi(m)}$ 均为模 m 的简化剩余系, 证明:

$$a_1 \cdots a_{\varphi(m)} \equiv b_1 \cdots b_{\varphi(m)} \pmod{m}.$$

6. 设 n 为正整数, $5^n \equiv 4 \pmod{11}$, 证明: $n \equiv 3 \pmod{5}$.

7. 证明: 不存在正整数 n, 使得 $2^n \equiv 3 \pmod{7}$.

8. 证明: 对任何实数 x, 总有

$$[x] + \left[x + \frac{1}{2}\right] = [2x],$$

其中 $[y]$ 表示实数 y 的整数部分.

9. 设 $a_1, \cdots, a_m$ 与 $b_1, \cdots, b_m$ 均为模 m 的完全剩余系, 证明: 对任何正整数 k, 总有

$$a_1^k + \cdots + a_m^k \equiv b_1^k + \cdots + b_m^k \pmod{m}.$$

1.3 素数与算术基本定理

素数是数论中最基本的概念, 几千年来, 一直是人们的研究热点, 至今仍有很多问题没有解决, 如哥德巴赫猜想、孪生素数猜想 (见 6.3 节) 等. 本节将介绍素数的有关性质、算术基本定理等, 算术基本定理如其名, 它是数论中最基本的定理.

定义 1.3.1 如果一个大于 1 的整数的正因数只有 1 和它本身, 那么称这个整数为素数. 如果一个大于 1 的整数不是素数, 那么称这个整数为合数.

100 以内的素数为: 2, 3, 5, 7, 11, 13, 17, 19, 23, 29, 31, 37, 41, 43, 47, 53, 59, 61, 67, 71, 73, 79, 83, 89, 97, 共有 25 个.

定理 1.3.1 每个大于 1 的整数至少有一个因数为素数.

证明 设 n 为大于 1 的整数, p 是 n 的大于 1 的因数中最小的一个, 下证 p 为素数.

假设 p 不是素数, 则 p 有因数 q, $1 < q < p$. 由 $q \mid p$, $p \mid n$ 知, $q \mid n$. 但 $1 < q < p$, 与 p 是 n 的大于 1 的因数中最小的一个矛盾. 所以, p 为素数, 它是 n 的因数.

定理 1.3.1 得证.

定理 1.3.2 素数有无穷多个.

证明 用反证法. 假设素数只有有限个, 设它们为 $p_1, \cdots, p_t$, 令

$$n = p_1 \cdots p_t - 1.$$

由定理 1.3.1 知, n 有素因数, 设 p 为 n 的一个素因数, 则 p 是 $p_1, \cdots, p_t$ 中的一个. 因此

$$p \mid n, \quad p \mid p_1 \cdots p_t.$$

从而 p 能整除 $p_1 \cdots p_t - n$, 即 $p \mid 1$, 矛盾. 所以, 素数有无穷多个.

定理 1.3.2 得证.

定理 1.3.3 如果 p 是素数, $p \mid a_1 \cdots a_n$, 那么至少存在一个 $1 \leqslant i \leqslant n$, 使得 $p \mid a_i$.

证明 用反证法. 假设 $p \nmid a_i$ $(1 \leqslant i \leqslant n)$, 则由 $(p, a_i) \mid a_i$ 知, $(p, a_i) \neq p$ $(1 \leqslant i \leqslant n)$. 又 p 是素数, $(p, a_i) \mid p$, 故 $(p, a_i) = 1$ $(1 \leqslant i \leqslant n)$. 由定理 1.1.9 知

$$(p, a_1 \cdots a_n) = 1,$$

与 $p \mid a_1 \cdots a_n$ 矛盾. 所以, 至少存在一个 $1 \leqslant i \leqslant n$, 使得 $p \mid a_i$.

定理 1.3.3 得证.

定理 1.3.4 (算术基本定理)　每个大于 1 的整数总能唯一地表示成一些素数之积 (不计次序, 可相同).

证明　首先证明存在性. 对 n 用数学归纳法. 当 $n=2$ 时, 结论成立. 假设对于 $2 \leqslant n < m$ 的整数 n, n 可表示成一些素数之积. 如果 m 为素数, 那么结论已成立. 如果 m 是合数, 那么存在小于 m 的正整数 a, b, 使得 $m = ab$. 由归纳假设知, a, b 均可表示成一些素数之积, 从而, m 可表示成一些素数之积. 由数学归纳法原理知, 每个大于 1 的整数总能表示成一些素数之积.

现在证明唯一性. 对 n 用数学归纳法. 当 $n=2$ 时, 2 不能表示成两个及两个以上的素数之积. 假设对于 $2 \leqslant n < m$ 的整数 n, n 表示成一些素数之积的表法唯一 (不计因数次序). 设 m 有两个素因数分解式:

$$m = p_1 \cdots p_k, \quad p_1 \leqslant \cdots \leqslant p_k,$$

$$m = q_1 \cdots q_l, \quad q_1 \leqslant \cdots \leqslant q_l,$$

则

$$p_1 \cdots p_k = q_1 \cdots q_l. \tag{1.3.1}$$

不妨设 $k \leqslant l$. 要证唯一性, 就是要证明: $k = l$, $p_i = q_i$ $(1 \leqslant i \leqslant k)$.

若 $k = 1$, 则由 $p_1 = q_1 q_2 \cdots q_l$ 及 p_1 为素数知, $l = 1$. 此时, $k = 1 = l$, $p_1 = q_1$. 下设 $k \geqslant 2$. 由 (1.3.1) 知, $p_1 \mid q_1 \cdots q_l$. 再根据定理 1.3.3 知, 存在 $1 \leqslant i \leqslant l$, 使得 $p_1 \mid q_i$. 又 q_i 为素数, 故 $p_1 = q_i \geqslant q_1$. 同理: $q_1 \geqslant p_1$. 因此, $p_1 = q_1$. 再由 (1.3.1) 知

$$p_2 \cdots p_k = q_2 \cdots q_l.$$

由归纳假设知, $k-1 = l-1$, $p_i = q_i$ $(2 \leqslant i \leqslant k)$. 因此, $k = l$, $p_i = q_i$ $(1 \leqslant i \leqslant k)$. 这就证明了 m 表示成一些素数之积的表示法唯一 (不计因数次序). 由数学归纳法原理知, 每个大于 1 的整数表示成一些素数之积的表示法唯一 (不计因数次序).

定理 1.3.4 得证.

由定理 1.3.4 立即得到如下定理, 也称为算术基本定理.

定理 1.3.5 (算术基本定理)　每个大于 1 的整数 n 总能唯一地表示成如下形式:

$$n = p_1^{\alpha_1} \cdots p_t^{\alpha_t}, \tag{1.3.2}$$

其中 $p_1, \cdots, p_t$ 为素数, $p_1 < \cdots < p_t$, $\alpha_1, \cdots, \alpha_t$ 为正整数.

我们称 (1.3.2) 为 n 的标准分解式. 下面借助标准分解式给出欧拉函数 $\varphi(n)$ 的计算公式.

定理 1.3.6 设正整数 n 的标准分解式为 $n=p_1^{\alpha_1}\cdots p_t^{\alpha_t}$, 其中 $p_1,\cdots,p_t$ 为不同的素数, $\alpha_1,\cdots,\alpha_t$ 为正整数, 则

$$\varphi(n)=(p_1^{\alpha_1}-p_1^{\alpha_1-1})\cdots(p_t^{\alpha_t}-p_t^{\alpha_t-1})=n\left(1-\frac{1}{p_1}\right)\cdots\left(1-\frac{1}{p_t}\right).$$

证明 对于素数 p 及正整数 α, 在 $0,1,\cdots,p^\alpha-1$ 中与 p^α 不互素的数的个数, 即能被 p 整除的数的个数为 $p^{\alpha-1}$. 因此, 在 $0,1,\cdots,p^\alpha-1$ 中与 p^α 互素的数的个数为 $p^\alpha-p^{\alpha-1}$, 即 $\varphi(p^\alpha)=p^\alpha-p^{\alpha-1}$. 由于欧拉函数为积性函数, 故

$$\begin{aligned}\varphi(n)&=\varphi(p_1^{\alpha_1})\cdots\varphi(p_t^{\alpha_t})\\&=(p_1^{\alpha_1}-p_1^{\alpha_1-1})\cdots(p_t^{\alpha_t}-p_t^{\alpha_t-1})\\&=n\left(1-\frac{1}{p_1}\right)\cdots\left(1-\frac{1}{p_t}\right).\end{aligned}$$

定理 1.3.6 得证.

附注 1 定理 1.3.6 的结论可以简单地写成

$$\varphi(n)=n\prod_{p|n}\left(1-\frac{1}{p}\right),$$

这里 $\prod_{p|n}$ 表示过 n 的所有不同素因数 p 求积.

定理 1.3.7 设正整数 n 的标准分解式为 $n=p_1^{\alpha_1}\cdots p_t^{\alpha_t}$, 其中 $p_1,\cdots,p_t$ 为不同的素数, $\alpha_1,\cdots,\alpha_t$ 为正整数, 则 n 的全部正因数为

$$d=p_1^{\beta_1}\cdots p_t^{\beta_t},\quad 0\leqslant\beta_i\leqslant\alpha_i\ (1\leqslant i\leqslant t). \tag{1.3.3}$$

证明 由

$$n=p_1^{\beta_1}\cdots p_t^{\beta_t}p_1^{\alpha_1-\beta_1}\cdots p_t^{\alpha_t-\beta_t}$$

知, (1.3.3) 给出的 d 是 n 的正因数.

现在设 d' 是 n 的任一个正因数, 则 d' 与 n/d' 的素因子也是 n 的素因子. 因此, d' 与 n/d' 可以写成

$$\begin{aligned}&d'=p_1^{\beta_1}\cdots p_t^{\beta_t},\quad \beta_i\geqslant 0\ (1\leqslant i\leqslant t),\\&\frac{n}{d'}=p_1^{\gamma_1}\cdots p_t^{\gamma_t},\quad \gamma_i\geqslant 0\ (1\leqslant i\leqslant t).\end{aligned}$$

由此得

$$n=p_1^{\beta_1+\gamma_1}\cdots p_t^{\beta_t+\gamma_t}.$$

根据标准分解式的唯一性得 $\alpha_i = \beta_i + \gamma_i$ $(1 \leqslant i \leqslant t)$. 因此, $0 \leqslant \beta_i \leqslant \alpha_i$ $(1 \leqslant i \leqslant t)$. 这就证明了: n 的任一个正因数都有形式 (1.3.3). 所以, (1.3.3) 给出了 n 的全部正因数.

定理 1.3.7 得证.

用 $d(n)$ 表示正整数 n 的正因数的个数, 称 $d(n)$ 为除数函数. 如 $d(1) = 1$, $d(2) = 2$, $d(3) = 2$, $d(4) = 3$, $d(5) = 2$, $d(6) = 4$, 等等. 当 p 为素数时, 总有 $d(p) = 2$.

由定理 1.3.7 立即得到如下 $d(n)$ 的计算公式.

定理 1.3.8 设正整数 n 的标准分解式为 $n = p_1^{\alpha_1} \cdots p_t^{\alpha_t}$, 其中 $p_1, \cdots, p_t$ 为不同的素数, $\alpha_1, \cdots, \alpha_t$ 为正整数, 则

$$d(n) = (\alpha_1 + 1) \cdots (\alpha_t + 1).$$

用 $\sigma(n)$ 表示正整数 n 的所有正因数之和, 称 $\sigma(n)$ 为因数和函数. 如 $\sigma(1) = 1$, $\sigma(2) = 3$, $\sigma(3) = 4$, $\sigma(4) = 7$, $\sigma(5) = 6$, 等等. 当 p 为素数时, 总有 $\sigma(p) = p+1$. 一般地, 我们有如下计算公式.

定理 1.3.9 设正整数 n 的标准分解式为 $n = p_1^{\alpha_1} \cdots p_t^{\alpha_t}$, 其中 $p_1, \cdots, p_t$ 为不同的素数, $\alpha_1, \cdots, \alpha_t$ 为正整数, 则

$$\begin{aligned}\sigma(n) &= (p_1^{\alpha_1} + p_1^{\alpha_1 - 1} + \cdots + p_1 + 1) \cdots (p_t^{\alpha_t} + p_t^{\alpha_t - 1} + \cdots + p_t + 1) \\ &= \frac{p_1^{\alpha_1+1} - 1}{p_1 - 1} \cdots \frac{p_t^{\alpha_t+1} - 1}{p_t - 1}.\end{aligned}$$

证明 由定理 1.3.7 知

$$\begin{aligned}\sigma(n) = \sum_{d|n} d &= \sum_{\beta_1=0}^{\alpha_1} \cdots \sum_{\beta_t=0}^{\alpha_t} p_1^{\beta_1} \cdots p_t^{\beta_t} \\ &= \left(\sum_{\beta_1=0}^{\alpha_1} p_1^{\beta_1}\right) \cdots \left(\sum_{\beta_t=0}^{\alpha_t} p_t^{\beta_t}\right) \\ &= \frac{p_1^{\alpha_1+1} - 1}{p_1 - 1} \cdots \frac{p_t^{\alpha_t+1} - 1}{p_t - 1}.\end{aligned}$$

定理 1.3.9 得证.

由定理 1.3.8 及定理 1.3.9 立即得到以下推论.

推论 1.3.1 除数函数 $d(n)$ 与因数和函数 $\sigma(n)$ 均为积性函数.

下面介绍最小公倍数的概念及如何利用标准分解式求最大公约数与最小公倍数.

定义 1.3.2 设 $a_1, \cdots, a_n$ 均为非零的整数, m 为整数, 若 $a_i \mid m\ (1 \leqslant i \leqslant n)$, 则称 m 为 $a_1, \cdots, a_n$ 的一个公倍数. $a_1, \cdots, a_n$ 的正的公倍数中最小的一个称为 $a_1, \cdots, a_n$ 的最小公倍数, 记为 $[a_1, \cdots, a_n]$.

关于正整数的标准分解式, 在应用中, 有时允许 $\alpha_i = 0$, 这样的好处是有限个正整数的标准分解式可以形式上统一, 如

$$5 = 2^0 3^0 5^1 7^0, \quad 7 = 2^0 3^0 5^0 7^1, \quad 12 = 2^2 3^1 5^0 7^0.$$

定理 1.3.10 设 a, b 为正整数, 它们的标准分解式为

$$a = p_1^{\alpha_1} \cdots p_t^{\alpha_t}, \quad b = p_1^{\beta_1} \cdots p_t^{\beta_t},$$

则

$$(a, b) = p_1^{\min\{\alpha_1, \beta_1\}} \cdots p_t^{\min\{\alpha_t, \beta_t\}},$$
$$[a, b] = p_1^{\max\{\alpha_1, \beta_1\}} \cdots p_t^{\max\{\alpha_t, \beta_t\}}.$$

证明 令

$$d_0 = p_1^{\min\{\alpha_1, \beta_1\}} \cdots p_t^{\min\{\alpha_t, \beta_t\}}.$$

由定理 1.3.7 知, d_0 是 a, b 的公约数. 设 d 是 a, b 的任一个公约数, 则由定理 1.3.7 知, d 的标准分解式为

$$d = p_1^{\gamma_1} \cdots p_t^{\gamma_t}, \quad 0 \leqslant \gamma_i \leqslant \alpha_i, 0 \leqslant \gamma_i \leqslant \beta_i\ (1 \leqslant i \leqslant t).$$

因此, $0 \leqslant \gamma_i \leqslant \min\{\alpha_i, \beta_i\}\ (1 \leqslant i \leqslant t)$. 由定理 1.3.7 知, $d \mid d_0$. 所以, d_0 是 a, b 的最大公约数, 即

$$(a, b) = d_0 = p_1^{\min\{\alpha_1, \beta_1\}} \cdots p_t^{\min\{\alpha_t, \beta_t\}}.$$

令

$$m_0 = p_1^{\max\{\alpha_1, \beta_1\}} \cdots p_t^{\max\{\alpha_t, \beta_t\}}.$$

由定理 1.3.7 知, m_0 是 a, b 的一个正的公倍数. 设 m 为 a, b 的任一个正的公倍数, m 的标准分解式为

$$m = p_1^{\delta_1} \cdots p_t^{\delta_t} p_{t+1}^{\delta_{t+1}} \cdots p_s^{\delta_s}.$$

注意到 a, b 为 m 的因数, 由定理 1.3.7 知, $\alpha_i \leqslant \delta_i$, $\beta_i \leqslant \delta_i\ (1 \leqslant i \leqslant t)$. 因此, $\max\{\alpha_i, \beta_i\} \leqslant \delta_i\ (1 \leqslant i \leqslant t)$. 由定理 1.3.7 知, $m_0 \mid m$. 所以, m_0 是 a, b 的最小公倍数, 即

$$[a, b] = m_0 = p_1^{\max\{\alpha_1, \beta_1\}} \cdots p_t^{\max\{\alpha_t, \beta_t\}}.$$

定理 1.3.10 得证.

由定理 1.3.10 及其证明立即得到如下推论.

推论 1.3.2　设 a, b 为正整数, 则 a, b 的公约数都是 (a, b) 的因数; a, b 的公倍数都是 $[a, b]$ 的倍数.

推论 1.3.3　设 a, b 为正整数, 则 $[a, b](a, b) = ab$.

一般地, 我们有如下定理及推论.

定理 1.3.11　设 n_i $(1 \leqslant i \leqslant k)$ 为正整数, 它们的标准分解式为

$$n_i = p_1^{\alpha_{i1}} \cdots p_t^{\alpha_{it}}, \quad 1 \leqslant i \leqslant k,$$

则

$$(n_1, \cdots, n_k) = p_1^{\gamma_1} \cdots p_t^{\gamma_t}, \quad [n_1, \cdots, n_k] = p_1^{\delta_1} \cdots p_t^{\delta_t},$$

其中

$$\gamma_j = \min\{\alpha_{1j}, \cdots, \alpha_{kj}\}, \quad \delta_j = \max\{\alpha_{1j}, \cdots, \alpha_{kj}\}, \quad 1 \leqslant j \leqslant t.$$

推论 1.3.4　设 $n_1, \cdots, n_k$ 为正整数, 则 $n_1, \cdots, n_k$ 的公约数都是 $(n_1, \cdots, n_k)$ 的因数; $n_1, \cdots, n_k$ 的公倍数都是 $[n_1, \cdots, n_k]$ 的倍数.

在本节最后, 我们介绍一类数: 完全数.

定义 1.3.3　如果一个正整数 n 的所有正因数之和等于它的两倍, 即 $\sigma(n) = 2n$, 那么称 n 为完全数 (也称完美数).

例如: 6, 28 均为完全数. 在介绍完全数的有关结果前, 我们先介绍一个相关的定理.

定理 1.3.12　设 n 为正整数, $2^n - 1$ 为素数, 则 n 为素数.

证明　由于 $2^1 - 1 = 1$ 不是素数, 故 $n \geqslant 2$. 设 a 为 n 的一个大于 1 的因数, $n = ab$, 则

$$2^n - 1 = 2^{ab} - 1 = (2^a - 1 + 1)^b - 1 \equiv 1^b - 1 \equiv 0 \pmod{(2^a - 1)}.$$

这样, $2^a - 1$ 是 $2^n - 1$ 的一个大于 1 的因数. 又 $2^n - 1$ 为素数, 故 $2^a - 1 = 2^n - 1$, 即 $a = n$. 所以, n 为素数.

定理 1.3.12 得证.

定理 1.3.13　一个正整数 n 是偶完全数当且仅当 n 可写成如下形式:

$$n = 2^{p-1}(2^p - 1),$$

其中 p 和 $2^p - 1$ 均为素数.

证明　先证充分性. 设 p 和 $2^p - 1$ 均为素数, $n = 2^{p-1}(2^p - 1)$, 则由定理 1.3.9 知

$$\sigma(n) = (2^{p-1} + 2^{p-2} + \cdots + 1)(2^p - 1 + 1) = (2^p - 1)2^p = 2n.$$

所以, n 是偶完全数.

再证必要性. 设 n 是偶完全数, $n=2^k m$, 其中 k 为正整数, m 是正奇数, 则

$$\sigma(n)=2n=2^{k+1}m,\quad \sigma(n)=\sigma(2^k)\sigma(m)=(2^{k+1}-1)\sigma(m).$$

因此

$$2^{k+1}m=(2^{k+1}-1)\sigma(m). \tag{1.3.4}$$

从而 $2^{k+1}-1\mid 2^{k+1}m$. 由于 $(2^{k+1}-1,2^{k+1})=1$, 故 $2^{k+1}-1\mid m$. 令

$$m=(2^{k+1}-1)m_1,$$

代入 (1.3.4) 得

$$\sigma\left((2^{k+1}-1)m_1\right)=2^{k+1}m_1.$$

若 $m_1>1$, 则 1, m_1, $(2^{k+1}-1)m_1$ 均为 $(2^{k+1}-1)m_1$ 的正因数, 并且两两不同. 从而

$$\sigma\left((2^{k+1}-1)m_1\right)\geqslant(2^{k+1}-1)m_1+m_1+1>2^{k+1}m_1,$$

矛盾. 因此, $m_1=1$. 若 $2^{k+1}-1$ 不是素数, 则

$$\sigma\left((2^{k+1}-1)m_1\right)=\sigma(2^{k+1}-1)>(2^{k+1}-1)+1=2^{k+1}m_1,$$

矛盾. 因此, $2^{k+1}-1$ 是素数.

综上, $n=2^k m=2^k(2^{k+1}-1)$, 其中 $2^{k+1}-1$ 为素数. 由定理 1.3.12 知, $k+1$ 为素数. 令 $p=k+1$, 则 $n=2^{p-1}(2^p-1)$, 其中 p 和 2^p-1 均为素数.

定理 1.3.13 得证.

附注 2 形如 2^p-1 的素数称为梅森 (Mersenne) 素数. 通常记 $M_p=2^p-1$. 是否存在无穷多个梅森素数? 这是著名的世界难题.

附注 3 可以证明: 若 m 为正整数, 2^m+1 为素数, 则 $m=2^n$, 其中 n 为非负整数. 通常记 $F_n=2^{2^n}+1$, 称 F_n 为费马数. 目前已知: F_0,F_1,F_2,F_3,F_4 均为素数. 是否存在整数 $n\geqslant 5$ 使得 F_n 为素数? 这也是著名的世界难题.

附注 4 是否存在奇的完全数? 这是著名的世界难题.

习 题 1.3

1. 证明: 如果正整数 n 是合数, 那么 n 一定有素因数 $p\leqslant\sqrt{n}$. 并利用这一结果, 找到 100 至 120 之间的所有素数.

2. 求 13728 的标准分解式.

3. 证明: 当整数 $n\geqslant 3$ 时, $\varphi(n)$ 是偶数.

4. 设 a, b 为正整数, 证明: 当 $a \mid b$ 时, $\varphi(ab) = a\varphi(b)$.

5. 设 n 为大于 1 的整数, $n \mid (n-1)! + 1$, 证明: n 为素数.

6. 设 a, n 均为大于 1 的整数, $a^n - 1$ 为素数, 证明: $a = 2$, n 为素数.

7. 设 m 为正整数, $2^m + 1$ 为素数, 证明: $m = 2^n$, 其中 n 为非负整数.

8. 设 a, b 为互素的正整数, ab 为平方数, 证明: a, b 均为平方数.

9. 设 a, b 为正整数, $a^2 \mid b^2$, 证明: $a \mid b$.

10. 证明: (1) 形如 $4n - 1$ 的素数有无穷多个;

(2) 形如 $3n - 1$ 的素数有无穷多个.

11. 设 n 为正整数, 证明: $\sigma(n) \leqslant nd(n)$.

12. 设 n 为正整数, 证明: $\sigma(n)\varphi(n) \leqslant n^2$.

13. 设 n 为正整数, 证明: $d(n)$ 为奇数当且仅当 n 为平方数.

14. 设 n 为正整数, 证明: $\sigma(n)$ 为奇数当且仅当 n 为平方数或 $2n$ 为平方数.

1.4 欧拉定理与费马小定理

欧拉定理与费马小定理是数论中最重要的两个定理, 应用很广泛, 费马小定理在数学中也是影响力最大的定理之一.

定理 1.4.1 (欧拉定理) 设 m 为正整数, a 为整数, $(a, m) = 1$, 则

$$a^{\varphi(m)} \equiv 1 \pmod{m}.$$

证明 模 m 的一个简化剩余系被 m 除, 余数正好是 $0, 1, \cdots, m-1$ 中与 m 互素的数的一个排列, 所含元素个数就是欧拉函数 $\varphi(m)$. 设 $a_1, \cdots, a_{\varphi(m)}$ 是模 m 的简化剩余系. 由 $(a, m) = 1$ 及定理 1.2.7 知, $aa_1, \cdots, aa_{\varphi(m)}$ 也是模 m 的简化剩余系. 这样, $a_1, \cdots, a_{\varphi(m)}$ 与 $aa_1, \cdots, aa_{\varphi(m)}$ 被 m 除, 两组余数都是 $0, 1, \cdots, m-1$ 中与 m 互素的数的排列. 因此

$$aa_1 \cdots aa_{\varphi(m)} \equiv a_1 \cdots a_{\varphi(m)} \pmod{m},$$

即

$$a^{\varphi(m)} a_1 \cdots a_{\varphi(m)} \equiv a_1 \cdots a_{\varphi(m)} \pmod{m}.$$

由 $(a_i, m) = 1$ $(1 \leqslant i \leqslant \varphi(m))$ 知

$$(a_1 \cdots a_{\varphi(m)}, m) = 1.$$

所以

$$a^{\varphi(m)} \equiv 1 \pmod{m}.$$

定理 1.4.1 得证.

由欧拉定理立即得到如下费马小定理.

定理 1.4.2(费马小定理) 设 p 为素数, a 为整数, $p \nmid a$, 则

$$a^{p-1} \equiv 1 \pmod{p}.$$

证明 由 $p \nmid a$ 及 $(a,p) \mid a$ 知, $(a,p) \neq p$. 又 $(a,p) \mid p$ 且 p 为素数, 故 $(a,p)=1$. 根据欧拉定理及 $\varphi(p)=p-1$, 有

$$a^{p-1} \equiv 1 \pmod{p}.$$

定理 1.4.2 得证.

下面是费马小定理的另一种形式:

定理 1.4.3(费马小定理) 设 p 为素数, a 为整数, 则

$$a^{p} \equiv a \pmod{p}.$$

证明 若 $p \mid a$, 则

$$a^{p} \equiv 0 \equiv a \pmod{p}.$$

若 $p \nmid a$, 则由定理 1.4.2 知

$$a^{p-1} \equiv 1 \pmod{p}.$$

从而

$$a^{p} \equiv aa^{p-1} \equiv a \cdot 1 \equiv a \pmod{p}.$$

定理 1.4.3 得证.

例 1 求 7^{3326} 的末三位数.

解 问题就是要计算 $7^{3326} \pmod{1000}$. 注意到 $1000 = 8 \times 125$, 我们分别计算

$$7^{3326} \pmod{8}, \quad 7^{3326} \pmod{125}.$$

1.4节例1

由 $7 \equiv -1 \pmod{8}$ 知

$$7^{3326} \equiv (-1)^{3326} \equiv 1 \pmod{8}.$$

注意到 $(7,125)=1$, $\varphi(125)=5^2(5-1)=100$, 根据欧拉定理, 有

$$7^{100} \equiv 1 \pmod{125}.$$

由此得

$$7^{3326} \equiv 7^{100\times 33} \cdot 7^{26} \equiv 7^{26} \pmod{125}.$$

又 $7^2 = 50 - 1$, 故

$$\begin{aligned} 7^{26} &= (50-1)^{13} = \sum_{i=0}^{13} \mathrm{C}_{13}^{i} 50^i (-1)^{13-i} \\ &\equiv \mathrm{C}_{13}^{0} 50^0 (-1)^{13-0} + \mathrm{C}_{13}^{1} 50^1 (-1)^{13-1} \\ &\equiv 24 \pmod{125}. \end{aligned}$$

因此, $7^{3326} \equiv 24 \pmod{125}$. 设 7^{3326} 的末三位数为 a, 则

$$a \in \{125k + 24 : 0 \leqslant k \leqslant 7\}.$$

再由 $a \equiv 1 \pmod 8$ 知, $a = 125 \times 5 + 24 = 649$. 所以, 7^{3326} 的末三位数为 649.

例 2 证明: 形如 $10^n + 3$ 的合数有无穷多个, 其中 n 为正整数.

证明 注意到 $10^1 + 3 = 13$, 我们对 $p = 13$ 和 $a = 10^k$ 用费马小定理, 得

$$10^{12k} = a^{p-1} \equiv 1 \pmod{13}.$$

因此

$$10^{12k+1} + 3 \equiv 10^{12k} \cdot 10 + 3 \equiv 13 \equiv 0 \pmod{13}.$$

这意味着, 当 $k \geqslant 1$ 时, $10^{12k+1} + 3$ 总是合数. 所以, 形如 $10^n + 3$ 的合数有无穷多个.

习 题 1.4

1. 证明: 形如 $10^n + 7$ 的合数有无穷多个, 其中 n 为正整数.
2. 求 23^{4312} 的末三位数.
3. 设 m, n 是互素的正整数, 证明:

$$m^{\varphi(n)} + n^{\varphi(m)} \equiv 1 \pmod{mn}.$$

习题1.4第4题

4. 设 a 为整数, p 为素数, $p \mid a^p - 1$, 证明: $p^2 \mid a^p - 1$.

1.5 一次同余方程及威尔逊定理

本节将介绍一次同余方程的有关知识及威尔逊 (Wilson) 定理.

设 m 为正整数, a,b 为整数, $m\nmid a$, 我们首先考虑一元一次同余方程

$$ax\equiv b \pmod{m}. \tag{1.5.1}$$

若 x_0 是一个整数, $ax_0\equiv b \pmod{m}$, 则

$$a(x_0+mk)\equiv b \pmod{m},\quad k=0,\pm1,\pm2,\cdots.$$

我们称 $x\equiv x_0 \pmod{m}$ 是同余方程 (1.5.1) 的一个解. 设 $x\equiv x_1 \pmod{m}$ 与 $x\equiv x_2 \pmod{m}$ 均是同余方程 (1.5.1) 的解. 若 $x_1\equiv x_2 \pmod{m}$, 则认为 $x\equiv x_1 \pmod{m}$ 与 $x\equiv x_2 \pmod{m}$ 是同余方程 (1.5.1) 的同一个解, 否则, 我们说 $x\equiv x_1 \pmod{m}$ 与 $x\equiv x_2 \pmod{m}$ 为同余方程 (1.5.1) 的不同解.

定理 1.5.1 同余方程 $ax\equiv b \pmod{m}$ 有解的充要条件是 $(a,m)\mid b$.

证明 先证充分性. 设 $(a,m)\mid b$. 由裴蜀定理知, 存在整数 u,v, 使得 $au+mv=(a,m)$. 因此

$$au\frac{b}{(a,m)}+mv\frac{b}{(a,m)}=b.$$

从而

$$au\frac{b}{(a,m)}\equiv b \pmod{m}.$$

所以, 同余方程 $ax\equiv b \pmod{m}$ 有解.

再证必要性. 设同余方程 $ax\equiv b \pmod{m}$ 有解, 则存在整数 x_0 使得 $ax_0\equiv b \pmod{m}$. 由此知, 存在整数 k 使得 $ax_0=b+mk$, 即 $ax_0-mk=b$. 由 $(a,m)\mid ax_0-mk$ 知, $(a,m)\mid b$.

定理 1.5.1 得证.

定理 1.5.2 如果 $x\equiv x_0 \pmod{m}$ 是同余方程 $ax\equiv b \pmod{m}$ 的一个特解, 那么同余方程 $ax\equiv b \pmod{m}$ 的全部解为

$$x\equiv x_0+\frac{m}{(a,m)}k \pmod{m},\quad k=0,1,\cdots,(a,m)-1. \tag{1.5.2}$$

特别地, 同余方程 $ax\equiv b \pmod{m}$ 有解时, 解数为 (a,m).

证明 首先证明 (1.5.2) 均是同余方程 $ax\equiv b \pmod{m}$ 的解.

由于 $x\equiv x_0 \pmod{m}$ 是同余方程 $ax\equiv b \pmod{m}$ 的一个解, 故对于任意整数 k, 有

$$a\left(x_0+\frac{m}{(a,m)}k\right)=ax_0+\frac{a}{(a,m)}km\equiv b \pmod{m}.$$

因此, (1.5.2) 均是同余方程 $ax \equiv b \pmod{m}$ 的解.

现设 $x \equiv x_1 \pmod{m}$ 是同余方程 $ax \equiv b \pmod{m}$ 的任一个解, 下证它一定是 (1.5.2) 中之一.

由于 $x \equiv x_0 \pmod{m}$ 与 $x \equiv x_1 \pmod{m}$ 均是同余方程 $ax \equiv b \pmod{m}$ 的解, 故

$$ax_1 \equiv b \equiv ax_0 \pmod{m}.$$

由此得

$$\frac{a}{(a,m)}x_1 \equiv \frac{a}{(a,m)}x_0 \left(\bmod \frac{m}{(a,m)}\right). \tag{1.5.3}$$

由于

$$(a,m)\left(\frac{a}{(a,m)}, \frac{m}{(a,m)}\right) = \left((a,m)\frac{a}{(a,m)}, (a,m)\frac{m}{(a,m)}\right) = (a,m),$$

故

$$\left(\frac{a}{(a,m)}, \frac{m}{(a,m)}\right) = 1.$$

再根据 (1.5.3) 得

$$x_1 \equiv x_0 \left(\bmod \frac{m}{(a,m)}\right).$$

令

$$x_1 - x_0 = \frac{m}{(a,m)}l.$$

由带余除法定理知

$$l = (a,m)q + k, \quad 0 \leqslant k \leqslant (a,m) - 1.$$

从而

$$x_1 - x_0 = \frac{m}{(a,m)}l = qm + \frac{m}{(a,m)}k.$$

所以

$$x_1 \equiv x_0 + \frac{m}{(a,m)}k \pmod{m}.$$

这就证明了: 同余方程 $ax \equiv b \pmod{m}$ 的全部解由 (1.5.2) 给出.

对于 $0 \leqslant k_1 < k_2 \leqslant (a,m) - 1$, 有

$$x_0 + \frac{m}{(a,m)}k_2 - \left(x_0 + \frac{m}{(a,m)}k_1\right) = \frac{m}{(a,m)}(k_2 - k_1),$$

$$0<\frac{m}{(a,m)}(k_2-k_1)<\frac{m}{(a,m)}(a,m)=m.$$

从而

$$x_0+\frac{m}{(a,m)}k_2\not\equiv x_0+\frac{m}{(a,m)}k_1 \pmod m.$$

所以, (1.5.2) 是同余方程 $ax\equiv b \pmod m$ 的 (a,m) 个不同解. 从而, 同余方程 $ax\equiv b \pmod m$ 的解数为 (a,m).

定理 1.5.2 得证.

定理 1.5.3 设 $(c,m)=1$, 则同余方程 $ax\equiv b \pmod m$ 与同余方程 $cax\equiv cb \pmod m$ 有相同的解.

证明 设 $x\equiv x_1 \pmod m$ 为同余方程 $ax\equiv b \pmod m$ 的一个解, 则

$$ax_1\equiv b \pmod m.$$

从而

$$cax_1\equiv cb \pmod m.$$

因此, $x\equiv x_1 \pmod m$ 为同余方程 $cax\equiv cb \pmod m$ 的一个解.

现在设 $x\equiv x_2 \pmod m$ 为同余方程 $cax\equiv cb \pmod m$ 的一个解, 则

$$cax_2\equiv cb \pmod m.$$

由于 $(c,m)=1$, 故 $ax_2\equiv b \pmod m$. 因此, $x\equiv x_2 \pmod m$ 为 $ax\equiv b \pmod m$ 的一个解.

综上, 定理 1.5.3 得证.

例 1 解同余方程 $123x\equiv 37 \pmod{251}$.

解 由于

$$\begin{aligned}123x\equiv 37 \pmod{251} &\Leftrightarrow 2\cdot 123x\equiv 2\cdot 37 \pmod{251}\\ &\Leftrightarrow -5x\equiv 74 \pmod{251}\\ &\Leftrightarrow -50\cdot 5x\equiv 50\cdot 74 \pmod{251}\\ &\Leftrightarrow x\equiv 186 \pmod{251},\end{aligned}$$

故所给同余方程的解为 $x\equiv 186 \pmod{251}$.

在本节最后, 我们介绍威尔逊定理. 它是关于 $(p-1)!$ 被 p 除所得余数的一个定理, 其中 p 是素数. 我们先看几个例子. 当 $p=2$ 时, $(p-1)!=1=2-1$. 当

$p=3$ 时, $(p-1)!=2=3-1$. 当 $p=5$ 时, $(p-1)!=4!=24$ 被 5 除所得余数为 $4=5-1$. 当 $p=7$ 时,

$$(p-1)!=6!=1\times2\times3\times4\times5\times6,$$

注意到

$$1\times6\equiv-1\pmod 7,\quad 2\times4\equiv1\pmod 7,\quad 3\times5\equiv1\pmod 7,$$

我们有

$$(p-1)!=6!=1\times6\times2\times4\times3\times5\equiv-1\pmod 7.$$

一般地, 我们有以下结果.

定理 1.5.4(威尔逊定理) 设 p 为素数, 则

$$(p-1)!\equiv-1\pmod p.$$

证明 对于 $p=2,3$, 直接验证知定理成立. 下设 $p\geqslant5$. 对于整数 $2\leqslant a\leqslant p-2$, 同余方程 $ax\equiv1\pmod p$ 有唯一解 $x\equiv b\pmod p$ $(0\leqslant b\leqslant p-1)$. 由 $2\leqslant a\leqslant p-2$ 知, $b\neq0,1,p-1$. 因此, $2\leqslant b\leqslant p-2$. 若 $b=a$, 则

$$a^2\equiv ab\equiv1\pmod p,$$

即

$$(a-1)(a+1)\equiv0\pmod p.$$

从而 $a-1\equiv0\pmod p$ 或 $a+1\equiv0\pmod p$, 这与 $2\leqslant a\leqslant p-2$ 矛盾. 所以, $b\neq a$. 将 a,b 配对. 如此, 2, $\cdots$, $p-2$ 中的数两两配对, 全部配完, 并且任两对没有重复数, 每对数之积模 p 同余于 1. 因此

$$(p-1)!\equiv1\cdot(p-1)\equiv-1\pmod p.$$

定理 1.5.4 得证.

习 题 1.5

1. 设 p 为素数, a 为整数, 证明: $p\mid a^p+(p-1)!a$.
2. 设 n 为大于 1 的整数, 证明: n 为素数的充要条件是 $n\mid(n-1)!+1$.
3. 解同余方程 $394x\equiv79\pmod{851}$.
4. 解同余方程 $15x\equiv21\pmod{70}$.
5. 设 p 为素数, 证明: $p\mid(p-2)!-1$.

1.6 中国剩余定理

上节我们介绍了一次同余方程的有关知识, 本节将关心一次同余方程组

$$x \equiv a_1 \pmod{m_1}, \quad \cdots, \quad x \equiv a_n \pmod{m_n}, \tag{1.6.1}$$

其中 $m_1, \cdots, m_n$ 为正整数, $a_1, \cdots, a_n$ 为整数. 当模 $m_1, \cdots, m_n$ 两两互素时, 中国剩余定理 (也称孙子定理) 明确地给出了上述同余方程组的解法. 一般的一次同余方程组可以转化成模两两互素的情形 (见后面的例 3). 中国剩余定理是数论中重要的定理之一, 有着广泛的应用.

定理 1.6.1(中国剩余定理) 设 $m_1, \cdots, m_n$ 是两两互素的正整数, $a_1, \cdots, a_n$ 是整数, 则同余方程组 (1.6.1) 一定有整数解, 并且它的全部解为

$$x \equiv a_1 M_1 M_1' + \cdots + a_n M_n M_n' \pmod{M}, \tag{1.6.2}$$

其中 $M = m_1 \cdots m_n$, $M_i = M/m_i$, M_i' 是满足 $M_i M_i' \equiv 1 \pmod{m_i}$ 的整数 $(i = 1, \cdots, n)$.

证明 由于 $m_1, \cdots, m_n$ 两两互素, 故 $(M_i, m_i) = 1$ $(1 \leqslant i \leqslant n)$. 从而 $M_i x \equiv 1 \pmod{m_i}$ 有解, 即存在整数 M_i', 满足 $M_i M_i' \equiv 1 \pmod{m_i}$ $(1 \leqslant i \leqslant n)$. 令

$$x_0 = a_1 M_1 M_1' + \cdots + a_n M_n M_n'.$$

若 a 是满足 (1.6.2) 的一个整数, 即 $a \equiv x_0 \pmod{M}$, 则 $a \equiv x_0 \pmod{m_1}$. 再由 $m_1 \mid M_i$ $(2 \leqslant i \leqslant n)$ 及 $M_1 M_1' \equiv 1 \pmod{m_1}$ 得

$$a \equiv x_0 \equiv a_1 M_1 M_1' \equiv a_1 \pmod{m_1}.$$

同理: $a \equiv a_i \pmod{m_i}$ $(2 \leqslant i \leqslant n)$. 这就证明了 (1.6.2) 是 (1.6.1) 的解.

现在设 b 是满足 (1.6.1) 的一个整数, 则 $b \equiv a_i \pmod{m_i}$ $(1 \leqslant i \leqslant n)$. 由前面证明 $(a = x_0)$ 知, $x_0 \equiv a_i \pmod{m_i}$ $(1 \leqslant i \leqslant n)$. 因此

$$b \equiv a_i \equiv x_0 \pmod{m_i}, \quad 1 \leqslant i \leqslant n.$$

从而, $m_i \mid b - x_0$ $(1 \leqslant i \leqslant n)$. 这就是说: $b - x_0$ 是 $m_1, \cdots, m_n$ 的一个公倍数. 由推论 1.3.4 知

$$[m_1, \cdots, m_n] \mid b - x_0.$$

由于 $m_1, \cdots, m_n$ 两两互素, 故 $[m_1, \cdots, m_n] = M$. 因此, $b \equiv x_0 \pmod{M}$. 所以, (1.6.1) 的全部解由 (1.6.2) 给出.

定理 1.6.1 得证.

例 1 证明: 对任给定的正整数 n, 总存在 n 个连续的正整数, 它们都有大于 1 的平方因数.

证明 由于素数有无穷多个, 故可取 n 个不同的素数 $p_1, \cdots, p_n$. 根据中国剩余定理, 同余方程组

$$x \equiv -i \pmod{p_i^2}, \quad i = 1, \cdots, n$$

一定有解, 从而有正整数解, 设 a 为一个正整数, 使得

$$a \equiv -i \pmod{p_i^2}, \quad i = 1, \cdots, n,$$

即 $p_1^2 \mid a+1, \cdots, p_n^2 \mid a+n$. 这样, n 个连续的正整数 $a+1, \cdots, a+n$ 都有大于 1 的平方因数.

例 2 解同余方程组

$$x \equiv 3 \pmod 5, \quad x \equiv -2 \pmod 7, \quad x \equiv 4 \pmod{11}.$$

解 令 $m_1 = 5, m_2 = 7, m_3 = 11, a_1 = 3, a_2 = -2, a_3 = 4, M = 5 \times 7 \times 11 = 385, M_1 = 7 \times 11 = 77, M_2 = 5 \times 11 = 55, M_3 = 5 \times 7 = 35$.

下面分别解一元一次同余方程 $M_i x \equiv 1 \pmod{m_i}$, 求出相应的 M_i' $(i = 1, 2, 3)$. 下面 M_i' 的取法不唯一, 我们只要各自取一个值即可.

解 $77x \equiv 1 \pmod 5$, 即 $2x \equiv 1 \pmod 5$, 得 $M_1' = 3$.

解 $55x \equiv 1 \pmod 7$, 即 $-x \equiv 1 \pmod 7$, 得 $M_2' = -1$.

解 $35x \equiv 1 \pmod{11}$, 即 $2x \equiv 1 \pmod{11}$, 得 $M_3' = 6$.

根据中国剩余定理, 所给同余方程组的全部解为

$$\begin{aligned} x &\equiv a_1 M_1 M_1' + a_2 M_2 M_2' + a_3 M_3 M_3' \\ &\equiv 3 \times 77 \times 3 + (-2) \times 55 \times (-1) + 4 \times 35 \times 6 \\ &\equiv 1643 \equiv 103 \pmod{385}. \end{aligned}$$

例 3 解同余方程组

$$x \equiv 2 \pmod{15}, \quad x \equiv 14 \pmod{99}, \quad x \equiv 3 \pmod{11}.$$

解 由于模不是两两互素的, 故我们不能直接用中国剩余定理. 由于同余方程 $x \equiv 2 \pmod{15}$ 等价于同余方程组

$$x \equiv 2 \pmod 3, \quad x \equiv 2 \pmod 5,$$

同余方程 $x \equiv 14 \pmod{99}$ 等价于同余方程组

$$x \equiv 14 \pmod{9}, \quad x \equiv 14 \pmod{11},$$

即

$$x \equiv 5 \pmod{9}, \quad x \equiv 3 \pmod{11},$$

故所给同余方程组等价于同余方程组

$$x \equiv 2 \pmod{3}, \quad x \equiv 2 \pmod{5}, \quad x \equiv 5 \pmod{9}, \quad x \equiv 3 \pmod{11},$$

即

$$x \equiv 2 \pmod{5}, \quad x \equiv 5 \pmod{9}, \quad x \equiv 3 \pmod{11}.$$

令 $m_1 = 5, m_2 = 9, m_3 = 11, a_1 = 2, a_2 = 5, a_3 = 3, M = 5 \times 9 \times 11 = 495,$ $M_1 = 9 \times 11 = 99, M_2 = 5 \times 11 = 55, M_3 = 5 \times 9 = 45.$

下面分别解一元一次同余方程 $M_i x \equiv 1 \pmod{m_i}$, 求出相应的 M_i' $(i = 1, 2, 3)$.

解 $99x \equiv 1 \pmod{5}$, 得 $M_1' = -1$.

解 $55x \equiv 1 \pmod{9}$, 得 $M_2' = 1$.

解 $45x \equiv 1 \pmod{11}$, 得 $M_1' = 1$.

根据中国剩余定理, 所给同余方程组的全部解为

$$\begin{aligned} x &\equiv a_1 M_1 M_1' + a_2 M_2 M_2' + a_3 M_3 M_3' \\ &\equiv 2 \times 99 \times (-1) + 5 \times 55 \times 1 + 3 \times 45 \times 1 \\ &\equiv 212 \pmod{495}. \end{aligned}$$

例 4 解同余方程组

$$x \equiv 1 \pmod{15}, \quad x \equiv 14 \pmod{99}, \quad x \equiv 3 \pmod{11}.$$

解 由于模不是两两互素的, 故我们不能直接用中国剩余定理. 类似于例 3, 所给同余方程组等价于同余方程组

$$x \equiv 1 \pmod{3}, \quad x \equiv 1 \pmod{5},$$

$$x \equiv 14 \pmod{9}, \quad x \equiv 14 \pmod{11}, \quad x \equiv 3 \pmod{11}.$$

当 $x \equiv 14 \pmod{9}$ 时, $x \equiv 2 \pmod{3}$. 所以, 上述同余方程组无解. 从而, 所给同余方程组无解.

习　题　1.6

1. 证明: 存在无穷多组四个连续的正整数, 它们都有大于 1 的平方因数.

2. 证明: 对任给定的正整数 n, 总存在 n 个连续的正整数, 其中每一个数都能被一个大于 1 的整数的三次方整除.

3. 解同余方程组

$$x \equiv 1 \pmod 7, \quad x \equiv -2 \pmod 5, \quad x \equiv 6 \pmod{13}.$$

4. 解同余方程组

$$4x \equiv 1 \pmod 9, \quad x \equiv -2 \pmod{15}, \quad x \equiv 6 \pmod{11}.$$

5. 解同余方程组

$$x \equiv 1 \pmod 7, \quad x \equiv -2 \pmod{35}, \quad x \equiv 6 \pmod{13}.$$

第 1 章总习题

1. 设 n 为正整数, $d_1, \cdots, d_k$ 为 n 的全部正因数, 证明:

$$\frac{n}{d_1}, \cdots, \frac{n}{d_k}$$

也是 n 的全部正因数.

2. 设 n 为大于 1 的整数, 证明:

$$1 + \frac{1}{2} + \frac{1}{3} + \cdots + \frac{1}{n}$$

一定不是整数.

3. 设 n 为正整数, x 为实数, 证明:

$$[x] + \left[x + \frac{1}{n}\right] + \left[x + \frac{2}{n}\right] + \cdots + \left[x + \frac{n-1}{n}\right] = [nx],$$

其中 $[y]$ 表示实数 y 的整数部分.

4. 设 p 为素数, 证明: 存在无穷多个正整数 n, 使得 $p \mid 2^n - n$.

5. 证明: 对任给定的正整数 n, 总存在 n 个连续的正整数, 它们中的每一个数都有形如 $m^2 + 1$ 的因数, 其中 m 为大于 1 的整数.

6. 设 m 为大于 2 的整数, 证明:

(1) 存在无穷多个正整数 a, 使得 $m \mid \varphi(a)$;

(2) 存在无穷多个正整数 b, 使得 $m \nmid \varphi(b)$.

7. 设 a, b 为整数, p 为奇素数, 证明: $p \mid a^{p-2} - b^{p-2}$ 当且仅当 $p \mid a - b$.

8. 对于正整数 n, 如果它不能被大于 1 的平方数整除, 那么称 n 为无平方因子数. 对于无平方因子的正整数 n, 令 $\mu(n) = (-1)^r$, 这里 r 是 n 的素因子的个数, 对于有大于 1 的平方因子的正整数 n, 令 $\mu(n) = 0$, 令 $\mu(1) = 1$, 这样 $\mu(n)$ 就是定义在正整数集上的一个数论函数, 称之为默比乌斯 (Möbius) 函数. 证明:

$$\sum_{d \mid n} \mu(d) = \begin{cases} 0, & \text{当 } n > 1, \\ 1, & \text{当 } n = 1. \end{cases}$$

9. 证明: 对于任何实数 $x \geqslant 1$, 总有

$$\sum_{1 \leqslant n \leqslant x} \mu(n) \left[\frac{x}{n}\right] = 1,$$

这里求和表示对不超过 x 的所有正整数求和, $[y]$ 表示实数 y 的整数部分.

10. 对于素数方幂 $n = p^\alpha$, 其中 p 为素数, α 为正整数, 我们定义 $\Lambda(n) = \log p$, 对于其他的正整数 n, 定义 $\Lambda(n) = 0$. 我们称 $\Lambda(n)$ 为曼戈尔特 (von Mangoldt) 函数. 证明: 对于任何正整数 n, 总有

$$\sum_{d \mid n} \Lambda(d) = \log n,$$

这里求和表示过 n 的所有正因数求和.

11. 设 p 是素数, 证明: $\sqrt{p}$ 为无理数.

12. 设 m, k 均为正奇数, $a_1, \cdots, a_m$ 为模 m 的一个完全剩余系, 证明:

$$a_1^k + \cdots + a_m^k \equiv 0 \pmod{m}.$$

13. 设 $m_1, \cdots, m_n$ 为两两互素的正整数, $M = m_1 \cdots m_n = m_i M_i$ $(1 \leqslant i \leqslant n)$, 证明: 当 $x_1, \cdots, x_n$ 分别通过模 $m_1, \cdots, m_n$ 的完全剩余系时, $M_1 x_1 + \cdots + M_n x_n$ 通过模 M 的一个完全剩余系.

14. 设 $m_1, \cdots, m_n$ 为两两互素的正整数, $M = m_1 \cdots m_n = m_i M_i$ $(1 \leqslant i \leqslant n)$, 证明: 当 $x_1, \cdots, x_n$ 分别通过模 $m_1, \cdots, m_n$ 的简化剩余系时, $M_1 x_1 + \cdots + M_n x_n$ 通过模 M 的一个简化剩余系.

15. 证明: 一个正整数是 3 的倍数当且仅当它的数字之和是 3 的倍数; 一个正整数是 9 的倍数当且仅当它的数字之和是 9 的倍数, 这里“数字之和”指十进制表示下的数字之和.

第 2 章 二次剩余与原根

CHAPTER

二次剩余与原根是数论中的重要概念与研究对象, 我们将介绍一般同余方程的解法及解数、二次剩余的概念、欧拉 (Euler) 判别法、高斯 (Gauss) 二次互反律、两平方和定理、拉格朗日 (Lagrange) 四平方和定理、阶的概念及其应用、升幂定理、原根的存在条件等.

2.1 同 余 方 程

在 1.5 节, 我们学习了一次同余方程与一次同余方程组的有关知识, 本节将学习一般的同余方程. 设 m 为正整数, $f(x)$ 是整系数多项式, 我们称

$$f(x) \equiv 0 \pmod{m} \tag{2.1.1}$$

为模 m 的同余方程. 解同余方程 (2.1.1) 就是要确定满足 (2.1.1) 的所有整数 x.

若 x_0 是一个整数, $f(x_0) \equiv 0 \pmod{m}$, 则

$$f(x_0+mk) \equiv f(x_0) \equiv 0 \pmod{m}, \quad k \in \mathbb{Z}.$$

我们称 $x \equiv x_0 \pmod{m}$ 是同余方程 (2.1.1) 的一个解. 因此, **要解同余方程 (2.1.1), 只要将 $x=0,1,\cdots,m-1$ 代入 (2.1.1) 检验即可.**

设 $x \equiv x_i \pmod{m}$ $(i=1,2)$ 均是同余方程 (2.1.1) 的解. 若

$$x_1 \equiv x_2 \pmod{m},$$

则认为

$$x \equiv x_1 \pmod{m} \quad 与 \quad x \equiv x_2 \pmod{m}$$

是同余方程 (2.1.1) 的同一个解. 若

$$x_1 \not\equiv x_2 \pmod{m},$$

则

$$x \equiv x_1 \pmod{m} \quad 与 \quad x \equiv x_2 \pmod{m}$$

为同余方程 (2.1.1) 的不同解. 这意味着: 模 m 的同余方程至多有 m 个解.

如果 $f(x)$ 是 n 次整系数多项式, 且首项系数不是 m 的倍数, 那么我们称同余方程 (2.1.1) 为模 m 的 n 次同余方程. 如果 $g(x)$ 是整系数多项式, $g(x)-f(x)$ 是零多项式或系数均为 m 的倍数的非零多项式, 那么同余方程 $g(x)\equiv 0 \pmod m$ 与同余方程 (2.1.1) 有相同的解. 我们也称同余方程

$$g(x)\equiv 0 \pmod m$$

为模 m 的 n 次同余方程. 如 $4x^3+x+1\equiv 0 \pmod 4$ 就是模 4 的一次同余方程.

例 1 二次同余方程 $x^2\equiv 1 \pmod 8$ 的解数为 4, 它的 4 个解为

$$x\equiv 1,3,5,7 \pmod 8.$$

例 2 二次同余方程 $x^2\equiv 2 \pmod 8$ 无解, 即它的解数为 0.

例 3 三次同余方程 $x^3\equiv 1 \pmod 5$ 的解数为 1, 解为 $x\equiv 1 \pmod 5$.

例 4 解同余方程

$$3x^{23}+5x^2+2\equiv 0 \pmod{11}.$$

解 由于

$$3\times 0^{23}+5\times 0^2+2\not\equiv 0 \pmod{11},$$

故 $x\equiv 0 \pmod{11}$ 不是所给同余方程的解. 对于整数 $a\not\equiv 0 \pmod{11}$, 由费马小定理知, $a^{10}\equiv 1 \pmod{11}$, 从而

$$3a^{23}+5a^2+2\equiv 3a^3+5a^2+2 \pmod{11}.$$

对于 $-5\leqslant a\leqslant 5$, 计算 $3a^3+5a^2+2 \pmod{11}$ 知, 只有 $a=-4$ 时,

$$3a^3+5a^2+2\equiv 0 \pmod{11}.$$

所以, 所给同余方程的全部解为 $x\equiv -4 \pmod{11}$.

例 5 解同余方程

$$3x^3+2x+2\equiv 0 \pmod{7^2}. \tag{2.1.2}$$

解 先解同余方程

$$3x^3+2x+2\equiv 0 \pmod 7. \tag{2.1.3}$$

对于 $-3\leqslant a\leqslant 3$, 计算 $3a^3+2a+2 \pmod 7$ 知, 只有 $a=1$ 时,

$$3a^3+2a+2\equiv 0 \pmod 7.$$

所以, 同余方程 (2.1.3) 的全部解为 $x \equiv 1 \pmod 7$. 由于 (2.1.2) 的解均是 (2.1.3) 的解, 故要解 (2.1.2), 只要将 $x = 1 + 7y$ 代入 (2.1.2), 解关于 y 的同余方程

$$3(1+7y)^3 + 2(1+7y) + 2 \equiv 0 \pmod{7^2},$$

即 $77y + 7 \equiv 0 \pmod{7^2}$, 即 $11y + 1 \equiv 0 \pmod 7$, 解为 $y \equiv 5 \pmod 7$. 所以, 同余方程 (2.1.2) 的解为 $x \equiv 1 + 7 \times 5 \equiv 36 \pmod{7^2}$.

附注 对于例 5, 我们也可以直接将 $x = -24, -23, \cdots, 23, 24$ 代入验证, 不过计算量大很多.

我们现在再回到一般的同余方程. 设 m 的标准分解式为

$$m = p_1^{\alpha_1} \cdots p_k^{\alpha_k},$$

其中 $p_1, \cdots, p_k$ 为不同的素数, $\alpha_1, \cdots, \alpha_k$ 为正整数, 则模 m 的同余方程 (2.1.1) 与同余方程组

$$\begin{cases} f(x) \equiv 0 \pmod{p_1^{\alpha_1}}, \\ f(x) \equiv 0 \pmod{p_2^{\alpha_2}}, \\ \cdots\cdots \\ f(x) \equiv 0 \pmod{p_k^{\alpha_k}} \end{cases}$$

有相同的解. 这样解同余方程 (2.1.1) 就可以转化为解上述同余方程组. 首先要对每个 i, 解同余方程

$$f(x) \equiv 0 \pmod{p_i^{\alpha_i}}. \tag{2.1.4}$$

设 (2.1.4) 的一个解为

$$x \equiv x_i \pmod{p_i^{\alpha_i}}.$$

利用中国剩余定理, 解同余方程组

$$\begin{cases} x \equiv x_1 \pmod{p_1^{\alpha_1}}, \\ x \equiv x_2 \pmod{p_2^{\alpha_2}}, \\ \cdots\cdots \\ x \equiv x_k \pmod{p_k^{\alpha_k}}, \end{cases}$$

得到唯一解 $x \equiv x_0 \pmod m$. 由于

$$x_0 \equiv x_i \pmod{p_i^{\alpha_i}}, \quad i = 1, 2, \cdots, k,$$

故

$$f(x_0) \equiv f(x_i) \equiv 0 \pmod{p_i^{\alpha_i}}, \quad i = 1, 2, \cdots, k.$$

从而

$$f(x_0) \equiv 0 \pmod{m}.$$

这就证明了: 从每个同余方程 (2.1.4) 各取一个解, 利用中国剩余定理就得到同余方程 (2.1.1) 的一个解. 下面说明同余方程 (2.1.1) 的解均可以这样得到.

设 $x \equiv y_0 \pmod{m}$ 为同余方程 (2.1.1) 的一个解,

$$y_0 \equiv y_i \pmod{p_i^{\alpha_i}}, \quad 0 \leqslant y_i < p_i^{\alpha_i}, \quad i = 1, 2, \cdots, k, \tag{2.1.5}$$

则 $x \equiv y_0 \pmod{m}$ 为同余方程组

$$\begin{cases} x \equiv y_1 \pmod{p_1^{\alpha_1}}, \\ x \equiv y_2 \pmod{p_2^{\alpha_2}}, \\ \cdots\cdots \\ x \equiv y_k \pmod{p_k^{\alpha_k}} \end{cases}$$

的解. 只要再证

$$x \equiv y_i \pmod{p_i^{\alpha_i}}$$

为 (2.1.4) 的一个解. 由 $f(y_0) \equiv 0 \pmod{m}$ 知

$$f(y_0) \equiv 0 \pmod{p_i^{\alpha_i}}, \quad i = 1, 2, \cdots, k.$$

再由 (2.1.5) 得

$$f(y_i) \equiv f(y_0) \equiv 0 \pmod{p_i^{\alpha_i}}, \quad i = 1, 2, \cdots, k.$$

这就证明了: $x \equiv y_i \pmod{p_i^{\alpha_i}}$ 为 (2.1.4) 的一个解.

至此, 解同余方程 (2.1.1) 就可以转化为解下列形式的同余方程:

$$f(x) \equiv 0 \pmod{p^\alpha}, \tag{2.1.6}$$

其中 p 为素数, α 为正整数. 同余方程 (2.1.6) 的解一定是同余方程

$$f(x) \equiv 0 \pmod{p} \tag{2.1.7}$$

的解. 利用例 5 的方法, 从 (2.1.7) 的一个解就可以得到模 p^2 的同余方程的相应解, 进而得到模 p^3 的同余方程的相应解, 如此下去, 最后得到模 p^α 的同余方程的相应解.

以下我们主要关心模为素数的同余方程.

定理 2.1.1 设 p 是素数, 则模 p 的 n 次同余方程至多有 n 个解.

证明 对次数 n 用数学归纳法. 当 $n=1$ 时, 由第 1 章的结果知

$$a_1x+a_0\equiv 0 \pmod p$$

恰有一个解, 其中 $p\nmid a_1$.

现在假设定理 2.1.1 对次数 $<n$ 的同余方程成立.

设 $f(x)$ 是首项系数为 a 的 n 次整系数多项式, $p\nmid a$. 用反证法. 假设 n 次同余方程

$$f(x)\equiv 0 \pmod p \tag{2.1.8}$$

至少有 $n+1$ 个解, 设

$$x\equiv c_i \pmod p,\quad i=1,\cdots,n+1$$

为 (2.1.8) 的 $n+1$ 个解. 令

$$g(x)=f(x)-a(x-c_1)\cdots(x-c_n),$$

则 $g(x)$ 是零多项式或次数 $<n$ 的多项式. 由于

$$\begin{aligned}g(c_{n+1})&=f(c_{n+1})-a(c_{n+1}-c_1)\cdots(c_{n+1}-c_n)\\&\equiv -a(c_{n+1}-c_1)\cdots(c_{n+1}-c_n)\\&\not\equiv 0 \pmod p,\end{aligned}$$

故 $g(x)\equiv 0 \pmod p$ 是次数 $<n$ 的同余方程. 因此, $g(x)\equiv 0 \pmod p$ 的解数 $<n$, 但

$$g(c_i)=f(c_i)-a(c_i-c_1)\cdots(c_i-c_n)\equiv 0 \pmod p,\quad i=1,\cdots,n$$

矛盾. 所以, 定理 2.1.1 对次数为 n 的同余方程成立.

由数学归纳法原理知, 定理 2.1.1 得证.

下面研究: 何时模 p 的 n 次同余方程恰有 n 个解?

设 p 是素数, $f(x)$ 是首项系数为 a 的 n 次整系数多项式, $p\nmid a$, 注意到 $ax\equiv 1 \pmod p$ 有解, 设 b 为整数, $ab\equiv 1 \pmod p$, 则 $bf(x)$ 的首项系数 ba 模 p 同余于 1. 由于同余方程

$$f(x)\equiv 0 \pmod p$$

与

$$bf(x)\equiv 0 \pmod p$$

有相同的解, 故不妨设 $f(x)$ 的首项系数为 1.

定理 2.1.2 设 p 是素数, $f(x)$ 是首项系数为 1 的 n 次整系数多项式, x^p-x 被 $f(x)$ 除, 余式为 $r(x)$, 则同余方程

$$f(x)\equiv 0 \pmod p \tag{2.1.9}$$

恰有 n 个解的充要条件是 $r(x)$ 的系数均为 p 的倍数 (包括 $r(x)$ 为零多项式).

证明 由于 x^p-x 被 $f(x)$ 除, 余式为 $r(x)$, 故可设

$$x^p-x=f(x)g(x)+r(x),$$

其中 $r(x)$ 为零多项式或次数 $<n$ 的多项式. 由 $f(x)$ 的首项系数为 1 知, $g(x),r(x)$ 均为整系数多项式.

先证必要性. 设同余方程 (2.1.9) 恰有 n 个解, 对于 (2.1.9) 的任一个解

$$x\equiv x_0 \pmod p,$$

由费马小定理知, $x_0^p-x_0\equiv 0 \pmod p$. 因此

$$r(x_0)\equiv f(x_0)g(x_0)+r(x_0)\equiv x_0^p-x_0\equiv 0 \pmod p.$$

所以, 同余方程

$$r(x)\equiv 0 \pmod p \tag{2.1.10}$$

至少有 n 个解. 如果 $r(x)$ 的系数不全为 p 的倍数, 那么由 $r(x)$ 是次数 $<n$ 的多项式知, (2.1.10) 是次数 $<n$ 的同余方程. 根据定理 2.1.1 知, 同余方程 (2.1.10) 的解数 $<n$, 矛盾. 所以, $r(x)$ 的系数均为 p 的倍数.

再证充分性. 设 $r(x)$ 的系数均为 p 的倍数, 则 $r(x)\neq x^p-x$. 因此, $f(x)$ 的次数 $n\leqslant p$. 从而 $g(x)$ 是首项系数为 1 的 $p-n$ 次整系数多项式. 由费马小定理知, 对任何整数 c, 总有

$$f(c)g(c)\equiv f(c)g(c)+r(c)\equiv c^p-c\equiv 0 \pmod p.$$

因此, 同余方程

$$f(x)g(x)\equiv 0 \pmod p$$

的解数为 p. 根据定理 2.1.1 知, 同余方程 (2.1.9) 的解数 $\leqslant n$, 同余方程

$$g(x)\equiv 0 \pmod p$$

的解数 $\leqslant p-n$. 若同余方程 (2.1.9) 的解数 $<n$, 则同余方程

$$f(x)g(x)\equiv 0 \pmod p$$

的解数 $<n+(p-n)=p$, 矛盾. 所以, 同余方程 (2.1.9) 的解数为 n.

定理 2.1.2 得证.

习　题　2.1

1. 解同余方程

$$7x^{37}+5x^2+5\equiv 0 \pmod{13}.$$

2. 解同余方程

$$2x^5+3x^2+2\equiv 0 \pmod{7^2}.$$

3. 设 p 是素数, $f(x)$ 是整系数多项式, 证明:

(i) 存在整系数多项式 $q(x)$, $r(x)$, 使得

$$f(x)=(x^p-x)q(x)+r(x),$$

其中 $r(x)$ 为零多项式或次数 $<p$ 的多项式;

(ii) 同余方程 $f(x)\equiv 0 \pmod p$ 与同余方程 $r(x)\equiv 0 \pmod p$ 同解.

4. 设 p 是奇素数, 证明: $x^{p-1}-1-(x-1)(x-2)\cdots(x-p+1)$ 是次数 $<p-1$ 且系数均为 p 的倍数的多项式. 并由此证明威尔逊定理:

$$(p-1)!\equiv -1 \pmod p.$$

2.2　二次剩余的概念与欧拉判别法

定义 2.2.1　设 p 为素数, a 为整数, $p\nmid a$, 若同余方程

$$x^2\equiv a \pmod p$$

有解, 则称 a 是 p 的二次剩余, 也称 a 是模 p 的二次剩余. 若同余方程

$$x^2\equiv a \pmod p$$

无解, 则称 a 是 p 的二次非剩余, 也称 a 是模 p 的二次非剩余.

附注　所有不是素数 p 的倍数的平方数均是 p 的二次剩余.

例如: $1,4,6,9$ 是模 5 的二次剩余, $2,3,7,8$ 是模 5 的二次非剩余. 在模 5 的一个简化剩余系中, 模 5 的二次剩余与二次非剩余的个数相等, 均为 2.

定理 2.2.1　设 p 为奇素数, 在模 p 意义下, p 的二次剩余与二次非剩余的个数相等, 均为 $(p-1)/2$. 在模 p 意义下, p 的全部二次剩余为

$$1^2,\ 2^2,\ \cdots,\ \left(\frac{p-1}{2}\right)^2. \tag{2.2.1}$$

证明 设 a 是 p 的二次剩余, 则存在整数 b, $|b| \leqslant (p-1)/2$, 使得

$$a \equiv b^2 \pmod{p}.$$

注意到 $(-b)^2 = b^2$, $(a,p)=1$, 可设 $1 \leqslant b \leqslant (p-1)/2$. 这就证明了: 在模 p 意义下, a 是 (2.2.1) 中之一.

下证 (2.2.1) 中数模 p 两两不同余.

对于 $1 \leqslant k < l \leqslant (p-1)/2$, 有 $1 \leqslant l-k < l+k < p-1$. 从而 $p \nmid (l-k)(l+k)$, 即 $k^2 \not\equiv l^2 \pmod{p}$. 这就证明了: (2.2.1) 中数模 p 两两不同余.

综上, (2.2.1) 给出了模 p 的全部二次剩余, p 的二次剩余的个数为 $(p-1)/2$. 从而, p 的二次非剩余的个数为

$$p-1-\frac{1}{2}(p-1) = \frac{1}{2}(p-1).$$

定理 2.2.1 得证.

例 1 求 13 的所有二次剩余与二次非剩余.

解 13 的全部二次剩余为

$$x \equiv 1^2, 2^2, 3^2, 4^2, 5^2, 6^2 \pmod{13},$$

即

$$x \equiv 1, 4, 9, 3, 12, 10 \pmod{13},$$

也就是说, 13 的所有二次剩余为

$$x \equiv 1, 3, 4, 9, 10, 12 \pmod{13}.$$

因此, 13 的所有二次非剩余为

$$x \equiv 2, 5, 6, 7, 8, 11 \pmod{13}.$$

为了便于处理二次剩余与二次非剩余, 我们引入勒让德符号.

定义 2.2.2 对于奇素数 p 及整数 a, 定义 a 对 p 的勒让德 (Legendre) 符号如下:

$$\left(\frac{a}{p}\right) = \begin{cases} 1, & a \text{ 是 } p \text{ 的二次剩余}, \\ -1, & a \text{ 是 } p \text{ 的二次非剩余}, \\ 0, & p \mid a. \end{cases}$$

定理 2.2.2(欧拉判别法)　对于奇素数 p 及整数 a, 总有

$$a^{\frac{p-1}{2}} \equiv \left(\frac{a}{p}\right) \pmod{p}.$$

证明　若 $p \mid a$, 则

$$a^{\frac{p-1}{2}} \equiv 0 \equiv \left(\frac{a}{p}\right) \pmod{p}.$$

下设 $p \nmid a$. 由费马小定理知, $a^{p-1} - 1 \equiv 0 \pmod{p}$, 即

$$\left(a^{\frac{p-1}{2}} - 1\right)\left(a^{\frac{p-1}{2}} + 1\right) \equiv 0 \pmod{p}.$$

因此

$$a^{\frac{p-1}{2}} \equiv 1 \pmod{p} \tag{2.2.2}$$

或

$$a^{\frac{p-1}{2}} \equiv -1 \pmod{p}.$$

由勒让德符号的定义知, 只要证明: (2.2.2) 成立当且仅当 a 是 p 的二次剩余.

当 a 是 p 的二次剩余时, 有 $(a,p)=1$, 并且存在整数 b, 使得

$$a \equiv b^2 \pmod{p}.$$

由 $(a,p)=1$ 知, $(b,p)=1$. 由费马小定理知

$$a^{\frac{p-1}{2}} \equiv b^{p-1} \equiv 1 \pmod{p}.$$

这就证明了, 当 a 是 p 的二次剩余时, (2.2.2) 成立, 即素数 p 的二次剩余一定是同余方程

$$x^{\frac{p-1}{2}} - 1 \equiv 0 \pmod{p} \tag{2.2.3}$$

的解. 根据定理 2.2.1, 素数 p 的二次剩余的个数为 $(p-1)/2$. 由定理 2.1.1, 同余方程 (2.2.3) 至多有 $(p-1)/2$ 个解. 因此, 同余方程 (2.2.3) 的全部解就是素数 p 的所有二次剩余. 当 (2.2.2) 成立时, a 是同余方程 (2.2.3) 的解, 从而, a 是素数 p 的二次剩余.

定理 2.2.2 得证.

例 2　判断 2 是否是 127 的二次剩余.

解　注意到 127 是素数, 根据欧拉判别法, 有

$$\left(\frac{2}{127}\right) \equiv 2^{\frac{127-1}{2}} \equiv 2^{63} \pmod{127}.$$

由于

$$2^{63} \equiv (2^7)^9 \equiv 128^9 \equiv 1 \pmod{127},$$

故

$$\left(\frac{2}{127}\right) = 1.$$

因此, 2 是 127 的二次剩余.

根据欧拉判别法, 我们立即得到以下基本性质.

基本性质 1 设 p 为奇素数, 若 $a \equiv b \pmod{p}$, 则

$$\left(\frac{a}{p}\right) = \left(\frac{b}{p}\right).$$

基本性质 2 设 p 为奇素数, 则对于任何整数 a, b, 总有

$$\left(\frac{ab}{p}\right) = \left(\frac{a}{p}\right)\left(\frac{b}{p}\right).$$

基本性质 3 -1 是奇素数 p 的二次剩余当且仅当 $p \equiv 1 \pmod{4}$, 即

$$\left(\frac{-1}{p}\right) = (-1)^{\frac{p-1}{2}}.$$

基本性质 4 设 p 为奇素数, $p \nmid a$, 则

$$\left(\frac{a^2}{p}\right) = 1.$$

由基本性质 2, 我们立即得到如下定理.

定理 2.2.3 设 p 为奇素数, 则

(i) p 的二次剩余之积是 p 的二次剩余;

(ii) p 的两个二次非剩余之积是 p 的二次剩余;

(iii) p 的一个二次剩余与一个二次非剩余之积是 p 的二次非剩余.

习 题 2.2

1. 求 11 的所有二次剩余与二次非剩余.
2. 判断 2 是否是 97 的二次剩余.
3. 是否存在无穷多个素数 p, 使得 2 是 p 的二次剩余?

4. 是否存在无穷多个素数 p, 使得 2 是 p 的二次非剩余?

5. 证明形如 $4n+1$ 的素数有无穷多个.

6. 设 p 为奇素数, a, b 为整数, $p \nmid a$, 证明:

$$\sum_{n=1}^{p}\left(\frac{an+b}{p}\right)=0.$$

2.3　二次互反律

尽管定理 2.2.1 明确给出了奇素数 p 的所有二次剩余, 对于给定的整数 a, 可以用欧拉判别法判别 a 是否是素数 p 的二次剩余, 当 p 稍大时, 就有明显的困难. 本节将解决这方面的问题.

设 p 是奇素数, $(a,p)=1$, 由欧拉判别法知

$$\left(\frac{a}{p}\right)\equiv a^{\frac{p-1}{2}} \pmod p.$$

我们需要判断

$$a^{\frac{p-1}{2}} \pmod p$$

同余于 1 还是 -1.

现在我们考虑乘积

$$a\cdot 2a\cdot\cdots\cdot\frac{p-1}{2}a \pmod p.$$

此式可产生

$$a^{\frac{1}{2}(p-1)}.$$

由 $(a,p)=1$ 知

$$a, 2a, \cdots, \frac{1}{2}(p-1)a$$

模 p 两两不同余, 它们被 p 除后余数是 $1,2,\cdots,p-1$ 中的 $(p-1)/2$ 个不同数. 我们将这些余数调整到

$$1, 2, \cdots, \frac{1}{2}(p-1)$$

中.

对于整数 $1 \leqslant k \leqslant (p-1)/2$, 设 ka 被 p 除后余数为 r_k, 令

$$s_k = \begin{cases} r_k, & \text{当 } r_k < \dfrac{p}{2} \text{ 时}, \\ p - r_k, & \text{当 } r_k > \dfrac{p}{2} \text{ 时}. \end{cases}$$

由 s_k 的定义知, $1 \leqslant s_k \leqslant (p-1)/2$.

引理 2.3.1 设 p 是奇素数, a 为整数, $(a,p)=1$, 则

$$s_1, \cdots, s_{(p-1)/2}$$

是 $1, 2, \cdots, (p-1)/2$ 的一个排列.

证明 只要证明: $s_1, \cdots, s_{(p-1)/2}$ 两两不同.

假设存在 $1 \leqslant i < j \leqslant (p-1)/2$, 使得 $s_i = s_j$, 则根据 s_i, s_j 的定义知, 有如下四种情况: $r_i = r_j$, $p - r_i = p - r_j$, $r_i = p - r_j$, $p - r_i = r_j$. 归为两种情况: $r_i = r_j$, $r_i + r_j = p$.

若 $r_i = r_j$, 则 $ia \equiv ja \pmod{p}$. 再由 $(a,p) = 1$ 知, $i \equiv j \pmod{p}$ 与 $1 \leqslant i < j \leqslant (p-1)/2$ 矛盾.

若 $r_i + r_j = p$, 则

$$ia + ja \equiv r_i + r_j \equiv 0 \pmod{p}.$$

再由 $(a,p) = 1$ 知, $i + j \equiv 0 \pmod{p}$ 与 $1 \leqslant i < j \leqslant (p-1)/2$ 矛盾.

综上, $s_1, \cdots, s_{(p-1)/2}$ 两两不同. 又 $1 \leqslant s_k \leqslant (p-1)/2$ $(1 \leqslant k \leqslant (p-1)/2)$, 故

$$s_1, \cdots, s_{(p-1)/2}$$

是

$$1, 2, \cdots, \frac{1}{2}(p-1)$$

的一个排列.

引理 2.3.1 得证.

现介绍如下高斯引理.

引理 2.3.2(高斯引理) 设 p 是奇素数, a 为整数, $(a,p)=1$, 则

$$\left(\frac{a}{p}\right) = (-1)^{G(p,a)},$$

其中 $G(p,a)$ 是整数

$$a, 2a, \cdots, \frac{1}{2}(p-1)a$$

中, 被 p 除后余数大于 $p/2$ 的数的个数.

证明 由引理 2.3.1 知, $s_1, \cdots, s_{(p-1)/2}$ 是 $1, 2, \cdots, (p-1)/2$ 的一个排列. 因此

$$\begin{aligned} a^{\frac{p-1}{2}}\left(\frac{p-1}{2}\right)! &= a \cdot 2a \cdot \cdots \cdot \left(\frac{p-1}{2}a\right) \\ &\equiv r_1 r_2 \cdots r_{(p-1)/2} \\ &\equiv (-1)^{G(p,a)} s_1 s_2 \cdots s_{(p-1)/2} \\ &\equiv (-1)^{G(p,a)} \left(\frac{p-1}{2}\right)! \pmod{p}. \end{aligned}$$

又

$$\left(\left(\frac{p-1}{2}\right)!,\ p\right) = 1,$$

故

$$a^{\frac{p-1}{2}} \equiv (-1)^{G(p,a)} \pmod{p}.$$

再由欧拉判别法知

$$\left(\frac{a}{p}\right) \equiv (-1)^{G(p,a)} \pmod{p}.$$

注意到 p 是奇素数, 我们有

$$\left(\frac{a}{p}\right) = (-1)^{G(p,a)}.$$

高斯引理得证.

引理 2.3.3 设 p 是奇素数, 则

$$G(p,2) \equiv \frac{1}{8}(p^2-1) \pmod{2}.$$

当 a 为奇数, $(a,p)=1$ 时,

$$G(p,a) \equiv \sum_{1 \leqslant k < \frac{1}{2}p} \left[\frac{ka}{p}\right] \pmod{2},$$

其中 $[y]$ 表示实数 y 的整数部分.

证明 由引理 2.3.1 知, $s_1,\cdots,s_{(p-1)/2}$ 是 $1,2,\cdots,(p-1)/2$ 的一个排列. 因此

$$s_1+\cdots+s_{(p-1)/2}=1+2+\cdots+\frac{p-1}{2}.$$

根据 s_k 的定义, p 是奇素数及 $-1\equiv 1 \pmod 2$, 有

$$s_k\equiv\begin{cases}r_k \pmod 2, & \text{当 } r_k<p/2 \text{ 时},\\ 1+r_k \pmod 2, & \text{当 } r_k>p/2 \text{ 时}.\end{cases}$$

又注意到

$$ka=p\left[\frac{ka}{p}\right]+r_k\equiv\left[\frac{ka}{p}\right]+r_k \pmod 2,$$

我们有

$$\begin{aligned}s_1+\cdots+s_{(p-1)/2}&\equiv G(p,a)+r_1+\cdots+r_{(p-1)/2}\\&\equiv G(p,a)+\sum_{1\leqslant k<\frac{1}{2}p}\left(ka-\left[\frac{ka}{p}\right]\right) \pmod 2.\end{aligned}$$

因此

$$G(p,a)+\sum_{1\leqslant k<\frac{1}{2}p}\left(ka-\left[\frac{ka}{p}\right]\right)\equiv 1+2+\cdots+\frac{p-1}{2} \pmod 2.$$

注意到

$$1+2+\cdots+\frac{p-1}{2}=\frac{1}{8}(p^2-1),$$

我们有

$$G(p,a)\equiv\frac{1}{8}(p^2-1)(1-a)+\sum_{1\leqslant k<p/2}\left[\frac{ka}{p}\right] \pmod 2. \tag{2.3.1}$$

当 $a=2$, $1\leqslant k<p/2$ 时, $0<ka<p$. 由 (2.3.1) 得

$$G(p,2)\equiv\frac{1}{8}(p^2-1) \pmod 2.$$

当 a 是奇数时, $1-a\equiv 0 \pmod 2$. 由 (2.3.1) 得

$$G(p,a)\equiv\sum_{1\leqslant k<p/2}\left[\frac{ka}{p}\right] \pmod 2.$$

引理 2.3.3 得证.

推论 2.3.1　设 p 为奇素数, 则

$$\left(\frac{2}{p}\right)=(-1)^{\frac{1}{8}(p^2-1)}.$$

证明　由高斯引理及引理 2.3.3 即得推论 2.3.1.

推论 2.3.2　2 是奇素数 p 的二次剩余当且仅当 $p\equiv\pm1 \pmod 8$.

证明　由推论 2.3.1 知, 2 是奇素数 p 的二次剩余当且仅当 $(p^2-1)/8$ 是偶数. 将奇素数 p 写成 $p=8k+r$, $r\in\{-3,-1,1,3\}$, 则

$$p^2-1=(8k+r)^2-1=64k^2+16kr+r^2-1.$$

由此知, $(p^2-1)/8$ 是偶数当且仅当 $r=\pm1$, 即 $p\equiv\pm1 \pmod 8$. 所以, 2 是奇素数 p 的二次剩余当且仅当 $p\equiv\pm1 \pmod 8$.

推论 2.3.2 得证.

定理 2.3.1(二次互反律)　设 p,q 为不同的奇素数, 则

$$\left(\frac{q}{p}\right)=(-1)^{\frac{p-1}{2}\frac{q-1}{2}}\left(\frac{p}{q}\right),$$

即

$$\left(\frac{q}{p}\right)=-\left(\frac{p}{q}\right)$$

当且仅当 p,q 均为形如 $4n+3$ 的素数.

证明　由于

$$\left(\frac{p}{q}\right)^2=1,$$

故只要证明

$$\left(\frac{q}{p}\right)\left(\frac{p}{q}\right)=(-1)^{\frac{p-1}{2}\frac{q-1}{2}}.$$

由高斯引理知

$$\left(\frac{q}{p}\right)\left(\frac{p}{q}\right)=(-1)^{G(p,q)+G(q,p)}.$$

由引理 2.3.3 知

$$G(p,q)+G(q,p)\equiv\sum_{1\leqslant k<p/2}\left[\frac{kq}{p}\right]+\sum_{1\leqslant l<q/2}\left[\frac{lp}{q}\right] \pmod 2.$$

因此, 只要证明

$$\sum_{1\leqslant k<p/2}\left[\frac{kq}{p}\right]+\sum_{1\leqslant l<q/2}\left[\frac{lp}{q}\right]=\frac{p-1}{2}\frac{q-1}{2}. \tag{2.3.2}$$

以 $O(0,0)$, $A(0,q/2)$, $B(p/2,q/2)$, $C(p/2,0)$ 为顶点的矩形 $OABC$ 内坐标均为正整数的点的个数为

$$\frac{p-1}{2}\frac{q-1}{2}.$$

下面再以另一种方式来数矩形 $OABC$ 内坐标均为正整数的点: 由于 p 与 q 均为素数, 故矩形 $OABC$ 内对角线 OB 上没有坐标均为正整数的点, 对角线 OB 以下, 横坐标为 $x=k$, 纵坐标为正整数的点的个数为

$$\left[\frac{kq}{p}\right].$$

因此, 矩形 $OABC$ 内对角线 OB 以下坐标均为正整数的点的个数为

$$\sum_{1\leqslant k<p/2}\left[\frac{kq}{p}\right].$$

同理: 矩形 $OABC$ 内对角线 OB 以上坐标均为正整数的点的个数为

$$\sum_{1\leqslant l<q/2}\left[\frac{lp}{q}\right].$$

所以, 矩形 $OABC$ 内坐标均为正整数的点的个数也为

$$\sum_{1\leqslant k<p/2}\left[\frac{kq}{p}\right]+\sum_{1\leqslant l<q/2}\left[\frac{lp}{q}\right].$$

从而 (2.3.2) 成立.

定理 2.3.1 得证.

例 1 判断 31 是否是 257 的二次剩余.

解 257 是素数且 $257\equiv 1 \pmod 4$. 由于

$$\left(\frac{31}{257}\right)=\left(\frac{257}{31}\right)=\left(\frac{9}{31}\right)=1,$$

故 31 是 257 的二次剩余.

例 2 判断同余方程 $3x^2 \equiv 31 \pmod{257}$ 是否有解.

解 同余方程

$$3x^2 \equiv 31 \pmod{257}$$

有解当且仅当同余方程

$$(3x)^2 \equiv 3 \times 31 \pmod{257}$$

有解当且仅当同余方程

$$y^2 \equiv 3 \times 31 \pmod{257}$$

有解. 注意到 257 是素数且 $257 \equiv 1 \pmod 4$, 有

$$\left(\frac{3 \times 31}{257}\right) = \left(\frac{3}{257}\right)\left(\frac{31}{257}\right) = \left(\frac{257}{3}\right)\left(\frac{257}{31}\right) = \left(\frac{2}{3}\right)\left(\frac{9}{31}\right) = -1.$$

因此, 同余方程

$$y^2 \equiv 3 \times 31 \pmod{257}$$

无解. 从而, 同余方程

$$3x^2 \equiv 31 \pmod{257}$$

无解.

例 3 试定出以 3 为二次剩余的所有大于 3 的素数.

解 对于素数 $p > 3$, 由二次互反律知

$$\left(\frac{3}{p}\right) = (-1)^{\frac{p-1}{2}}\left(\frac{p}{3}\right).$$

注意到

$$(-1)^{\frac{p-1}{2}} = \begin{cases} 1, & \text{当 } p \equiv 1 \pmod 4 \text{ 时}, \\ -1, & \text{当 } p \equiv -1 \pmod 4 \text{ 时}, \end{cases}$$

$$\left(\frac{p}{3}\right) = \begin{cases} 1, & \text{当 } p \equiv 1 \pmod 3 \text{ 时}, \\ -1, & \text{当 } p \equiv -1 \pmod 3 \text{ 时}, \end{cases}$$

我们有: 3 为 p 的二次剩余当且仅当 $p \equiv 1 \pmod 4$, $p \equiv 1 \pmod 3$ 或 $p \equiv -1 \pmod 4$, $p \equiv -1 \pmod 3$, 即 3 为 p 的二次剩余当且仅当 $p \equiv \pm 1 \pmod{12}$.

例 4 证明: 形如 $8n+3$ 的素数有无穷多个.

证明 假设形如 $8n+3$ 的素数只有有限个, 它们为 $p_1, \cdots, p_k$. 令

$$m = (p_1 \cdots p_k)^2 + 2,$$

2.3节例4

则 m 模 4 同余于 3. 从而, 存在 m 的素因数 $q \equiv 3 \pmod 4$. 这样

$$(p_1 \cdots p_k)^2 \equiv -2 \pmod q.$$

由此知, -2 为 q 的二次剩余. 由 $q \equiv 3 \pmod 4$ 知, -1 为 q 的二次非剩余. 因此, $2 = (-2)(-1)$ 为 q 的二次非剩余. 由此得

$$q \equiv \pm 3 \pmod 8.$$

又 $q \equiv 3 \pmod 4$, 故 $q \equiv 3 \pmod 8$. 从而, q 为 $p_1, \cdots, p_k$ 中的一个. 这样, $2 = m - (p_1 \cdots p_k)^2$ 是 q 的倍数, 矛盾. 所以, 形如 $8n+3$ 的素数有无穷多个.

习 题 2.3

1. 判断 51 是否是 173 的二次剩余.
2. 判断同余方程 $13x^2 \equiv 301 \pmod{349}$ 是否有解.
3. 试定出以 5 为二次剩余的所有奇素数.
4. 试定出以 $-3, 5$ 均为二次剩余的所有大于 5 的素数.
5. 证明: 形如 $8n+5$ 的素数有无穷多个.
6. 证明: 形如 $8n+7$ 的素数有无穷多个.

2.4 两个整数的平方和

本节将研究哪些正整数可以表示成两个整数的平方和.

如果正整数 n_1, n_2 均能表示成两个整数的平方和:

$$n_1 = a^2 + b^2, \quad n_2 = c^2 + d^2,$$

那么

$$n_1 n_2 = (a^2+b^2)(c^2+d^2) = (ac+bd)^2 + (ad-bc)^2. \tag{2.4.1}$$

据此, 我们先研究哪些素数可以表示成两个整数的平方和. 简单计算知: 2, 5, 13, 17, 29, 37, 41, $\cdots$ 可以表示成两个整数的平方和, $3, 7, 11, 19, 23, 31, 43, \cdots$ 不可以表示成两个整数的平方和. 从这些例子我们发现: 能表示成两个整数的平方和的奇素数都是 $4n+1$ 型, 不能表示成两个整数的平方和的奇素数都是 $4n+3$ 型. 这是否具有一般性? 下面我们探讨这个问题.

由于整数的平方被 4 除, 余数为 0 或 1, 故两个整数的平方和被 4 除, 余数为 0, 1 和 2. 因此, 形如 $4n+3$ 的素数不可以表示成两个整数的平方和. 现在问题是: **形如 $4n+1$ 的素数是否一定可以表示成两个整数的平方和?**

定理 2.4.1　形如 $4n+1$ 的素数一定可以表示成两个整数的平方和.

证明　设 p 是形如 $4n+1$ 的素数, 则 -1 是 p 的二次剩余. 因此, 存在整数 a, 使得 $a^2 \equiv -1 \pmod p$. 考虑整数

$$au+v, \quad 0 \leqslant u, v < \sqrt{p},\ u, v \in \mathbb{Z},$$

共有 $([\sqrt{p}]+1)^2$ 个数 (不排除可能有相同的, 这里用到 $\sqrt{p}$ 不是整数). 由于 $([\sqrt{p}]+1)^2 > p$, 故存在不全相同的两组数 u_1, v_1 及 u_2, v_2, 使得

$$au_1+v_1 \equiv au_2+v_2 \pmod p.$$

令

$$s = u_1 - u_2, \quad t = v_2 - v_1,$$

则 s, t 不全为零, 且 $as \equiv t \pmod p$. 这样

$$s^2+t^2 \equiv s^2+(as)^2 \equiv s^2(1+a^2) \equiv 0 \pmod p.$$

由此知, 存在整数 k, 使得 $s^2+t^2 = kp$. 由 s, t 不全为零知, $s^2+t^2>0$. 再由 $0 \leqslant u_i, v_i < \sqrt{p}\ (i=1,2)$ 知

$$s^2+t^2 < (\sqrt{p})^2+(\sqrt{p})^2 = 2p.$$

从而, $0<kp<2p$. 因此, $k=1$, 即 $s^2+t^2=p$.

定理 2.4.1 得证.

下面给出正整数可以表示成两个整数的平方和的条件. 每个正整数 n 都可以写成如下形式: $n=a^2b$, 其中 a, b 为正整数, b 没有大于 1 的平方因数 (也称 b 为无平方因子数).

定理 2.4.2　设 $n=a^2b$, 其中 a, b 为正整数, b 为无平方因子数, 则 n 可以表示成两个整数的平方和的充要条件是 b 没有形如 $4k+3$ 的素因数.

证明　先证充分性. 设 b 没有形如 $4k+3$ 的素因数, 则 b 的素因数只有 2 或者形如 $4k+1$ 的素数. 由定理 2.4.1 知, 形如 $4k+1$ 的素数一定可以表示成两个整数的平方和. 再根据 (2.4.1) 及 $2=1^2+1^2$ 知, b 可以表示成两个整数的平方和. 从而, $n=a^2b$ 可以表示成两个整数的平方和.

再证必要性. 设 n 可以表示成两个整数的平方和: $n=u^2+v^2$. 设 $(u,v)=d$, 则 $d^2 \mid n$. 令 $u=du_1$, $v=dv_1$, $n=d^2n_1$, 则 $(u_1,v_1)=1$, 并且 $n=u^2+v^2$ 就

变成 $n_1 = u_1^2 + v_1^2$. 由 $n = a^2 b$ 及 $n = d^2 n_1$ 知, $b \mid n_1$(可利用 n 的标准分解式推出). 只要证明: n_1 的奇素因数都是形如 $4k+1$ 的素数. 设 p 是 n_1 的一个奇素因数, 由 $n_1 = u_1^2 + v_1^2$, $(u_1, v_1) = 1$ 知, $p \nmid u_1$, $p \nmid v_1$. 这样

$$1 = \left(\frac{u_1^2}{p}\right) = \left(\frac{n_1 - v_1^2}{p}\right) = \left(\frac{-v_1^2}{p}\right) = \left(\frac{-1}{p}\right),$$

由此得, p 是形如 $4k+1$ 的素数.

习 题 2.4

1. 下列哪些整数可以表示成两个整数的平方和: 23, 101, 3744, 48807.

2. 设正整数 a 可以表示成两个整数的平方和, 正整数 b 不可以表示成两个整数的平方和, 证明: 整数 ab 不可以表示成两个整数的平方和.

3. 试确定所有能表示成 $a^2 + 2b^2$ 的素数, 其中 a, b 是整数.

4. 试确定所有能表示成 $2a^2 - b^2$ 的素数, 其中 a, b 是整数.

5. 设 p 为素数, a 为正整数, $p \mid a^2 + 1$, $p \neq a^2 + 1$, 证明: 形如 $au + v$ $(0 \leqslant u, v < \sqrt{p},\ u, v \in \mathbb{Z})$ 的整数两两不同.

2.5 拉格朗日四平方和定理

2.4 节我们刻画了能表示成两个整数的平方和的整数. 本节将证明如下的拉格朗日 (Lagrange) 四平方和定理.

定理 2.5.1 每个非负整数总可以表示成四个整数的平方和.

我们希望有一个类似于

$$(a^2 + b^2)(c^2 + d^2) = (ac + bd)^2 + (ad - bc)^2 \tag{2.5.1}$$

的恒等式. 假设

$$(a_1^2 + a_2^2 + a_3^2 + a_4^2)(b_1^2 + b_2^2 + b_3^2 + b_4^2) = f_1^2 + f_2^2 + f_3^2 + f_4^2. \tag{2.5.2}$$

可试探性地要求

$$f_1 = a_1 b_1 + a_2 b_2 + a_3 b_3 + a_4 b_4.$$

希望在等式 (2.5.2) 中两个下标对应的量为 0 时等式 (2.5.2) 变成等式 (2.5.1). 等式 (2.5.2) 中两个下标对应的量为 0 时, f_1 分别为

$$a_1 b_1 + a_2 b_2, \quad a_1 b_1 + a_3 b_3, \quad a_1 b_1 + a_4 b_4,$$

$$a_2b_2+a_3b_3,\quad a_2b_2+a_4b_4,\quad a_3b_3+a_4b_4.$$

合理要求是

$$a_1b_2-a_2b_1,\quad a_1b_3-a_3b_1,\quad a_1b_4-a_4b_1,$$

$$a_2b_3-a_3b_2,\quad a_2b_4-a_4b_2,\quad a_3b_4-a_4b_3$$

出现在 f_2,f_3,f_4 中, 每个量只出现一次. 设

$$\begin{aligned}&(a_1^2+a_2^2+a_3^2+a_4^2)(b_1^2+b_2^2+b_3^2+b_4^2)\\=&(a_1b_1+a_2b_2+a_3b_3+a_4b_4)^2\\&+(a_1b_2-a_2b_1+\varepsilon_1(a_3b_4-a_4b_3))^2\\&+(a_1b_3-a_3b_1+\varepsilon_2(a_2b_4-a_4b_2))^2\\&+(a_1b_4-a_4b_1+\varepsilon_3(a_2b_3-a_3b_2))^2,\end{aligned}\tag{2.5.3}$$

其中 $\varepsilon_i\in\{-1,1\}$ $(i=2,3,4)$. 两边的平方项是一致的, 等号后面式子中的交叉项

$$a_1a_2b_1b_2,\quad a_1a_3b_1b_3,\quad a_1a_4b_1b_4,\quad a_2a_3b_2b_3,\quad a_2a_4b_2b_4,\quad a_3a_4b_3b_4$$

的系数为 0. 等号后面式子中的其他交叉项为

$$2(\varepsilon_2+\varepsilon_3)a_1a_2b_3b_4,\quad 2(\varepsilon_1-\varepsilon_3)a_1a_3b_2b_4,\quad 2(-\varepsilon_1-\varepsilon_2)a_1a_4b_2b_3,$$

$$2(-\varepsilon_1-\varepsilon_2)a_2a_3b_1b_4,\quad 2(\varepsilon_1-\varepsilon_3)a_2a_4b_1b_3,\quad 2(\varepsilon_2+\varepsilon_3)a_3a_4b_1b_2.$$

因此, (2.5.3) 成立当且仅当 $\varepsilon_1=\varepsilon_3=-\varepsilon_2=1$ 或 $\varepsilon_1=\varepsilon_3=-\varepsilon_2=-1$. 我们用其中一种情况, 得到如下恒等式:

$$\begin{aligned}&(a_1^2+a_2^2+a_3^2+a_4^2)(b_1^2+b_2^2+b_3^2+b_4^2)\\=&(a_1b_1+a_2b_2+a_3b_3+a_4b_4)^2\\&+(a_1b_2-a_2b_1+a_3b_4-a_4b_3)^2\\&+(a_1b_3-a_3b_1-a_2b_4+a_4b_2)^2\\&+(a_1b_4-a_4b_1+a_2b_3-a_3b_2)^2.\end{aligned}\tag{2.5.4}$$

定理 2.5.1 的证明 由 (2.5.4) 知, 只要证明: 素数总可以表示成四个整数的平方和. 注意到

$$2=0^2+0^2+1^2+1^2,\quad 3=0^2+1^2+1^2+1^2,\quad 5=0^2+0^2+1^2+2^2,$$

我们下设素数 $p\geqslant 7$.

考虑

$$A=\left\{1+a^2:\ a\in\mathbb{Z},\ \ 0\leqslant a\leqslant\frac{p-1}{2}\right\},$$

$$B=\left\{-b^2:\ b\in\mathbb{Z},\ \ 0\leqslant b\leqslant\frac{p-1}{2}\right\}.$$

由于 $|A\cup B|=p+1$, 故 $A\cup B$ 中至少存在两个数模 p 同余. 注意到 A 中的任两个数之差都不是 p 的倍数, B 中的任两个数之差也都不是 p 的倍数, 因此, 存在整数 $a_0,b_0,0\leqslant a_0,b_0\leqslant(p-1)/2$, 使得

$$1+a_0^2\equiv-b_0^2\pmod p,$$

即

$$1+a_0^2+b_0^2\equiv0\pmod p.$$

设

$$1+a_0^2+b_0^2=k_0p,$$

则

$$k_0p\leqslant1+2\left(\frac{p-1}{2}\right)^2<\frac{1}{2}p^2.$$

从而

$$1\leqslant k_0<\frac{1}{2}p.$$

设 m_0 是最小的正整数, 使得 m_0p 可以表示成四个整数的平方和. 由

$$k_0p=0^2+1^2+a_0^2+b_0^2$$

知

$$1\leqslant m_0\leqslant k_0<\frac{1}{2}p.$$

我们的目标是证明 $m_0=1$. 用反证法. 假设 $m_0>1$. 我们试图导出矛盾.

设

$$m_0p=a_1^2+a_2^2+a_3^2+a_4^2,\quad a_i\in\mathbb{Z},\ 1\leqslant i\leqslant4,\tag{2.5.5}$$

$$a_i\equiv b_i\pmod{m_0},\quad-\frac{1}{2}m_0<b_i\leqslant\frac{1}{2}m_0,\ 1\leqslant i\leqslant4,$$

则

$$b_1^2+b_2^2+b_3^2+b_4^2\equiv a_1^2+a_2^2+a_3^2+a_4^2\equiv m_0p\equiv0\pmod{m_0}.$$

令

$$m_0m_1 = b_1^2 + b_2^2 + b_3^2 + b_4^2. \tag{2.5.6}$$

这样

$$m_0^2m_1p = (a_1^2 + a_2^2 + a_3^2 + a_4^2)(b_1^2 + b_2^2 + b_3^2 + b_4^2).$$

由 (2.5.4) 知

$$m_0^2m_1p = c_1^2 + c_2^2 + c_3^2 + c_4^2, \tag{2.5.7}$$

其中

$$c_1 = a_1b_1 + a_2b_2 + a_3b_3 + a_4b_4, \quad c_2 = a_1b_2 - a_2b_1 + a_3b_4 - a_4b_3,$$

$$c_3 = a_1b_3 - a_3b_1 - a_2b_4 + a_4b_2, \quad c_4 = a_1b_4 - a_4b_1 + a_2b_3 - a_3b_2.$$

根据 $a_i \equiv b_i \pmod{m_0}$ $(1 \leqslant i \leqslant 4)$ 及 $m_0p = a_1^2 + a_2^2 + a_3^2 + a_4^2$, 我们有

$$c_i \equiv 0 \pmod{m_0}, \quad 1 \leqslant i \leqslant 4.$$

令 $c_i = m_0d_i$ $(1 \leqslant i \leqslant 4)$, 代入 (2.5.7) 得

$$m_1p = d_1^2 + d_2^2 + d_3^2 + d_4^2. \tag{2.5.8}$$

由 (2.5.6) 及 $-m_0/2 < b_i \leqslant m_0/2$ $(1 \leqslant i \leqslant 4)$ 得

$$m_0m_1 = b_1^2 + b_2^2 + b_3^2 + b_4^2 \leqslant 4\left(\frac{m_0}{2}\right)^2 = m_0^2. \tag{2.5.9}$$

由此得 $0 \leqslant m_1 \leqslant m_0$. 再根据 (2.5.8) 及 m_0 的定义知, $m_1 = 0$ 或 $m_1 = m_0$.

若 $m_1 = 0$, 则由 (2.5.6) 得 $b_i = 0$ $(1 \leqslant i \leqslant 4)$. 从而 $m_0 \mid a_i$ $(1 \leqslant i \leqslant 4)$. 再由 (2.5.5) 得 $m_0^2 \mid m_0p$, 即 $m_0 \mid p$, 与 $1 < m_0 < p$ 矛盾. 因此, $m_1 = m_0$. 再由 (2.5.9) 得

$$b_i = \frac{1}{2}m_0 \ \ (1 \leqslant i \leqslant 4).$$

因此, m_0 是偶数, 并且

$$a_i \equiv b_i \equiv \frac{1}{2}m_0 \pmod{m_0}. \tag{2.5.10}$$

由此得 $m_0/2 \mid a_i$ $(1 \leqslant i \leqslant 4)$. 再由 (2.5.5) 得 $m_0^2/4 \mid m_0p$, 即 $m_0 \mid 4$. 由此得 $m_0 = 2, 4$.

若 $m_0=2$, 则由 (2.5.10) 知, a_1,a_2,a_3,a_4 均为奇数. 再由 (2.5.5) 得

$$2p=a_1^2+a_2^2+a_3^2+a_4^2\equiv 0 \pmod 4,$$

矛盾.

若 $m_0=4$, 则由 (2.5.10) 知, a_1,a_2,a_3,a_4 均为偶数. 再由 (2.5.5) 得

$$p=\left(\frac{a_1}{2}\right)^2+\left(\frac{a_2}{2}\right)^2+\left(\frac{a_3}{2}\right)^2+\left(\frac{a_4}{2}\right)^2,$$

与 m_0 的最小性矛盾.

这就证明了 $m_0=1$. 从而, $p=m_0p$ 可以表示成四个整数的平方和.

定理 2.5.1 得证.

习 题 2.5

1. 证明: 形如 $8n+7$ 的整数不能表示成三个整数的平方和.
2. 设 n 为正整数, 证明: n 能表示成三个整数的平方和的充要条件是 $4n$ 能表示成三个整数的平方和.

2.6 阶的性质及升幂定理

本节将介绍阶的概念, 这在数论中很有用. 设 m 为正整数, a 为整数, $(a,m)=1$, 则由欧拉定理知

$$a^{\varphi(m)}\equiv 1 \pmod m.$$

定义 2.6.1 设 m 为正整数, a 为整数, $(a,m)=1$, 使得

$$a^r\equiv 1 \pmod m$$

成立的最小正整数 r 称为 a 模 m 的阶.

由欧拉定理知, 当 $(a,m)=1$ 时, a 模 m 的阶一定存在, 并且不超过 $\varphi(m)$.

定理 2.6.1 设 a 模 m 的阶为 r, n 为非负整数, 则 $a^n\equiv 1 \pmod m$ 的充要条件是 $r\mid n$.

证明 充分性. 设 $r\mid n$, $n=rk$, 则

$$a^n=a^{rk}=(a^r)^k\equiv 1^k\equiv 1 \pmod m.$$

必要性. 设 $a^n\equiv 1 \pmod m$, 由带余除法定理知, 存在整数 q,t, 使得 $n=rq+t$, $0\leqslant t<r$. 由 $n\geqslant 0, r>0$ 知, $q\geqslant 0$. 这样

$$a^t\equiv (a^r)^q a^t\equiv a^n\equiv 1 \pmod m.$$

由 r 的最小性及 $0 \leqslant t < r$ 知, $t = 0$. 因此, $r \mid n$.

定理 2.6.1 得证.

推论 2.6.1 设 a 模 m 的阶为 r, 则 $r \mid \varphi(m)$.

证明 由欧拉定理知

$$a^{\varphi(m)} \equiv 1 \pmod{m}.$$

再由定理 2.6.1 知, $r \mid \varphi(m)$.

推论 2.6.1 得证.

推论 2.6.2 设 a 模 m 的阶为 r, k, l 为非负整数, 则 $a^k \equiv a^l \pmod{m}$ 的充要条件是 $k \equiv l \pmod{r}$.

证明 不妨设 $k \geqslant l$. 我们有

$$a^k \equiv a^l \pmod{m} \Leftrightarrow a^{k-l} \equiv 1 \pmod{m} \Leftrightarrow r \mid k - l \Leftrightarrow k \equiv l \pmod{r}.$$

推论 2.6.2 得证.

下面我们介绍升幂定理, 它在处理指数类问题时特别有用. 对于素数 p 及非零整数 a, 我们用 $\nu_p(a)$ 表示满足 $p^k \mid a$, $p^{k+1} \nmid a$ 的非负整数 k. 当 $p \mid a$ 时, 有 $\nu_p(a^n - 1) = 0$. 下面我们关心 $\nu_p(a^n - 1)$, 其中 p 为素数, a 为整数, $a \neq \pm 1$, $p \nmid a$.

引理 2.6.1 设 p 为奇素数, a 为整数, $a \neq 1$, $p \mid a - 1$, 则

$$\nu_p(a^p - 1) = \nu_p(a - 1) + 1.$$

证明 设 $a - 1 = p^\alpha a_1$, $p \nmid a_1$, 则 $\alpha \geqslant 1$. 利用二项展开公式得

$$\begin{aligned} a^p - 1 &= (p^\alpha a_1 + 1)^p - 1 \\ &= \mathrm{C}_p^1 p^\alpha a_1 + \mathrm{C}_p^2 (p^\alpha a_1)^2 + \cdots + \mathrm{C}_p^p (p^\alpha a_1)^p \\ &\equiv p^{\alpha+1} a_1 \pmod{p^{\alpha+2}}. \end{aligned}$$

所以

$$\nu_p(a^p - 1) = \alpha + 1 = \nu_p(a - 1) + 1.$$

引理 2.6.1 得证.

引理 2.6.2 设 a 为整数, $a \neq 1$, $4 \mid a - 1$, 则

$$\nu_2(a^2 - 1) = \nu_2(a - 1) + 1.$$

证明 由于 $(a+1)-(a-1)=2$ 及 $4\mid a-1$, 故 $2\mid a+1$, $4\nmid a+1$. 这样

$$\nu_2(a^2-1)=\nu_2(a-1)+\nu_2(a+1)=\nu_2(a-1)+1.$$

引理 2.6.2 得证.

引理 2.6.3 设 p 为素数, a 为整数, $a\neq 1$, $p\mid a-1$, n 为正整数, $p\nmid n$, 则

$$\nu_p(a^n-1)=\nu_p(a-1).$$

证明 当 $n=1$ 时, 结论成立. 下设 $n\geqslant 2$. 设 $a-1=p^\alpha a_1$, $p\nmid a_1$, 则 $\alpha\geqslant 1$. 利用二项展开公式得

$$\begin{aligned}a^n-1&=(p^\alpha a_1+1)^n-1\\&=\mathrm{C}_n^1p^\alpha a_1+\mathrm{C}_n^2(p^\alpha a_1)^2+\cdots+\mathrm{C}_n^n(p^\alpha a_1)^n\\&\equiv na_1p^\alpha \pmod{p^{\alpha+1}}.\end{aligned}$$

所以

$$\nu_p(a^n-1)=\alpha=\nu_p(a-1).$$

引理 2.6.3 得证.

定理 2.6.2 (奇素数模升幂定理) 设 p 为奇素数, a 为整数, $a\neq\pm 1$, $p\nmid a$, a 模 p 的阶为 r, n 为正整数.

(1) 如果 $r\nmid n$, 那么 $\nu_p(a^n-1)=0$.

(2) 如果 $r\mid n$, 那么 $\nu_p(a^n-1)=\nu_p(n)+\nu_p(a^r-1)$.

证明 如果 $r\nmid n$, 那么由定理 2.6.1 知, $\nu_p(a^n-1)=0$.

下设 $r\mid n$. 令 $n=rk$. 由 r 是 a 模 p 的阶知, $1\leqslant r\leqslant p-1$. 从而, $\nu_p(r)=0$. 因此, $\nu_p(n)=\nu_p(k)$. 下面对 k 用数学归纳法, 证明:

$$\nu_p(a^{rk}-1)=\nu_p(k)+\nu_p(a^r-1). \tag{2.6.1}$$

当 $k=1$ 时, 由 $\nu_p(1)=0$ 知, (2.6.1) 成立. 假设 (2.6.1) 对满足 $1\leqslant k<l$ 的正整数 k 均成立. 下面考虑 $k=l$ 的情形.

如果 $p\nmid l$, 那么由引理 2.6.3 知, (2.6.1) 对 $k=l$ 成立.

如果 $p\mid l$, 令 $l=pl_1$, 那么由引理 2.6.1 及归纳假设知

$$\begin{aligned}\nu_p(a^{rl}-1)&=\nu_p(a^{rpl_1}-1)=\nu_p(a^{rl_1}-1)+1\\&=\nu_p(l_1)+\nu_p(a^r-1)+1=\nu_p(l)+\nu_p(a^r-1).\end{aligned}$$

综上, (2.6.1) 对 $k=l$ 成立. 由数学归纳法原理知, (2.6.1) 对所有正整数 k 均成立.

定理 2.6.2 得证.

定理 2.6.3(偶素数模升幂定理)　设 a 为奇数, $a \neq \pm 1$, n 为正整数, 则

$$\nu_2(a^{2n-1}-1)=\nu_2(a-1),$$

$$\nu_2(a^{2n}-1)=\nu_2(n)+\nu_2(a^2-1).$$

证明　由引理 2.6.3 知, 第一个等式成立.

下面对 n 用数学归纳法证明第二个等式成立. 由 $\nu_2(1)=0$ 知, 当 $n=1$ 时, 第二个等式成立. 假设对于满足 $1 \leqslant n < l$ 的整数 n, 第二个等式都成立. 下面考虑 $n=l$ 的情形. 当 $2 \nmid l$ 时, 由引理 2.6.3 知, 第二个等式对 $n=l$ 成立. 当 $2 \mid l$ 时, 令 $l=2l_1$, 注意到 $4 \mid a^{2l_1}-1$, 由引理 2.6.2 及归纳假设知

$$\begin{aligned}\nu_2(a^{2l}-1)&=\nu_2(a^{4l_1}-1)=\nu_2(a^{2l_1}-1)+1\\&=\nu_2(l_1)+\nu_2(a^2-1)+1=\nu_2(l)+\nu_2(a^2-1).\end{aligned}$$

综上, 第二个等式对 $k=l$ 成立. 由数学归纳法原理知, 第二个等式对所有正整数 k 均成立.

定理 2.6.3 得证.

例 1　试定出所有正整数 n, 使得 $13 \mid 2^n-1$.

解　设 2 模 13 的阶为 r, 由推论 2.6.1 知, $r \mid \varphi(13)$, 即 $r \mid 12$. 因此, $r \in \{1,2,3,4,6,12\}$. 由于

$$2^6=64 \equiv -1 \not\equiv 1 \pmod{13}, \quad 2^4=16 \not\equiv 1 \pmod{13},$$

故由定理 2.6.1 知, $r \nmid 6$, $r \nmid 4$. 因此, $r=12$. 根据定理 2.6.1 得, $13 \mid 2^n-1$ 的充要条件是 $12 \mid n$, 即使得 $13 \mid 2^n-1$ 成立的所有正整数为 $n=12k$, 其中 k 为正整数.

例 2　设 n 为大于 1 的整数, 证明: $n \nmid 3^n-2^n$.

证明　假设存在整数 $n>1$, 使得 $n \mid 3^n-2^n$, 设 n_0 是这样的整数中最小的一个. 由 $n_0 \mid 3^{n_0}-2^{n_0}$ 知, $3^{n_0} \equiv 2^{n_0} \pmod{n_0}$ 及 $(n_0,6)=1$. 因此, 存在正整数 u, 使得 $2u \equiv 1 \pmod{n_0}$. 从而

$$(3u)^{n_0} \equiv 3^{n_0}u^{n_0} \equiv 2^{n_0}u^{n_0} \equiv (2u)^{n_0} \equiv 1 \pmod{n_0}.$$

设 $3u$ 模 n_0 的阶为 r, 则 $r \mid n_0$, $r \leqslant \varphi(n_0) < n_0$, $(3u)^r \equiv 1 \pmod{n_0}$. 因此

$$3^r \equiv 3^r(2u)^r \equiv 2^r(3u)^r \equiv 2^r \pmod{n_0}.$$

注意到 $r \mid n_0$, 有

$$3^r \equiv 2^r \pmod{r},$$

即 $r \mid 3^r - 2^r$, $1 \leqslant r < n_0$. 再由 n_0 的最小性得 $r = 1$. 因此, $3^1 \equiv 2^1 \pmod{n_0}$ 与 $n_0 > 1$ 矛盾. 所以, 对任何整数 $n > 1$, 总有 $n \nmid 3^n - 2^n$.

例 3 设 p 为奇素数, a 为大于 1 的整数, q 是 $a^p - 1$ 的素因数, $q \nmid a - 1$, 证明: 存在正整数 n, 使得 $q = 2np + 1$.

证明 由 $q \mid a^p - 1$ 知, $(a, q) = 1$. 设 a 模 q 的阶为 r, 由 $q \mid a^p - 1$ 知, $r \mid p$. 注意到 p 为素数, 有 $r \in \{1, p\}$. 由 $q \nmid a - 1$ 知, $r \neq 1$. 因此, $r = p$. 根据推论 2.6.1, $r \mid \varphi(q)$. 由此知, $p \mid q - 1$. 从而 q 为奇素数. 因此, $2p \mid q - 1$. 所以, 存在正整数 n, 使得 $q = 2np + 1$.

例 4 证明: 形如 $8n + 1$ 的素数有无穷多个.

证明 设整数 $m > 8$. 令 $N = m!^4 + 1$. 设 p 是 N 的一个素因数, 则 $p > m$, 并且 $m!^4 \equiv -1 \pmod{p}$. 由此得 $m!^8 \equiv 1 \pmod{p}$. 设 $m!$ 模 p 的阶为 r, 则 $r \mid 8$, $r \nmid 4$. 由此得 $r = 8$. 由推论 2.6.1 知, $8 \mid p - 1$. 从而存在正整数 n, 使得 $p = 8n + 1$. 由 $p > m$ 及 m 可任意大知, 形如 $8n + 1$ 的素数有无穷多个.

习　题　2.6

2.6节例4

1. 试定出所有正整数 n, 使得 $37 \mid 2^n - 1$.
2. 设 n 为大于 1 的整数, 证明: $n \nmid 2^n - 1$.
3. 设 n 为大于 1 的整数, 证明: $n \nmid 7^n - 6^n$.
4. 设 p 为奇素数, a 为大于 1 的整数, q 是 $a^p + 1$ 的素因数, $q \nmid a + 1$, 证明: 存在正整数 n, 使得 $q = 2np + 1$.

习题2.6第2题

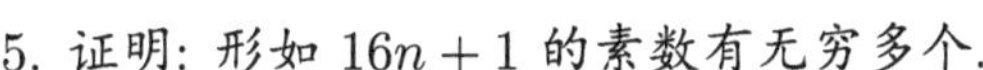

5. 证明: 形如 $16n + 1$ 的素数有无穷多个.
6. 设 a, b 模 m 的阶分别为 r, s, $(r, s) = 1$, 证明: ab 模 m 的阶为 rs.
7. 设 a 模 m 的阶为 uv, 其中 u, v 为正整数, 证明: a^u 模 m 的阶为 v.
8. 设 p 为奇素数, a 模 p 的阶为 r, $p^2 \nmid a^r - 1$, 证明: a 模 p^2 的阶为 pr.

2.7　原　　根

设 m 为正整数, a 为整数, $(a, m) = 1$, a 模 m 的阶为 r, 则 $r \mid \varphi(m)$. 如果 a 模 m 的阶为 $\varphi(m)$, 那么称 a 为 m 的一个原根. 如 1 是 1 的一个原根, 1 是 2 的一个原根, 2 是 3 的一个原根, 3 是 4 的一个原根, 2, 3 是 5 的原根. 一个自然的问题是: 哪些正整数有原根?

引理 2.7.1 设整数 $m_1 \geqslant 3, m_2 \geqslant 3$, $(m_1, m_2) = 1$, 则 $m_1 m_2$ 没有原根.

证明 设 a 为整数, $(a, m_1 m_2) = 1$, 则由欧拉定理知

$$a^{\varphi(m_1)} \equiv 1 \pmod{m_1}, \quad a^{\varphi(m_2)} \equiv 1 \pmod{m_2}.$$

由于 $m_1 \geqslant 3, m_2 \geqslant 3$, 故 $\varphi(m_1), \varphi(m_2)$ 均为偶数. 因此

$$a^{\frac{1}{2}\varphi(m_1)\varphi(m_2)} \equiv 1 \pmod{m_1}, \quad a^{\frac{1}{2}\varphi(m_1)\varphi(m_2)} \equiv 1 \pmod{m_2}.$$

又 $(m_1, m_2) = 1$, 故

$$a^{\frac{1}{2}\varphi(m_1m_2)} \equiv 1 \pmod{m_1m_2}.$$

由此知, a 不是 m_1m_2 的原根. 所以, m_1m_2 没有原根.

引理 2.7.1 得证.

设正整数 $m \geqslant 5$, m 的标准分解式为

$$m = p_1^{\alpha_1} \cdots p_t^{\alpha_t},$$

其中 $p_1, \cdots, p_t$ 为素数, $p_1 < \cdots < p_t$, $\alpha_1, \cdots, \alpha_t$ 为正整数. 假设 m 有原根. 若 $t \geqslant 2$, 则 $p_t^{\alpha_t} \geqslant p_t \geqslant 3$. 由 m 有原根, $p_1 \geqslant 2$ 及引理 2.7.1 知, $p_1^{\alpha_1} \cdots p_{t-1}^{\alpha_{t-1}} = 2$. 因此, 当 m 有原根时, $m = p_1^{\alpha_1}$ 或 $m = 2p_2^{\alpha_2}$, 其中 p_1 为素数, p_2 为奇素数.

引理 2.7.2 当 $\alpha \geqslant 3$ 时, 2^α 没有原根.

证明 设 a 为奇数, $a = 2k + 1$, 则 $a^2 - 1 = 4k(k + 1)$ 是 2^3 的倍数. 又 $\varphi(2^3) = 4$, 故 a 不是 2^3 的原根. 当 $\alpha \geqslant 4$ 时,

$$\begin{aligned} a^{2^{\alpha-2}} - 1 &= \left(a^{2^{\alpha-3}} - 1\right)\left(a^{2^{\alpha-3}} + 1\right) \\ &= (a^2 - 1)(a^2 + 1) \cdots \left(a^{2^{\alpha-3}} + 1\right) \end{aligned}$$

是 $8 \cdot 2^{\alpha-3}$ 的倍数, 即 2^α 的倍数. 由于 $\varphi(2^\alpha) = 2^{\alpha-1}$, 故 a 不是 2^α 的原根. 所以, 当 $\alpha \geqslant 3$ 时, 2^α 没有原根.

引理 2.7.2 得证.

根据引理 2.7.2 及前面的讨论, 我们得到以下结果.

引理 2.7.3 当 $m \geqslant 5$ 有原根时, $m = p^\alpha, 2p^\alpha$, 其中 p 为奇素数, α 为正整数.

我们知道, 当 $m = 1, 2, 3, 4$ 时, m 有原根. 以下将证明: 对于奇素数 p, 当 $m = p^\alpha, 2p^\alpha$ 时, m 有原根. 我们先处理 $m = p$ 为素数的情形.

定理 2.7.1 素数一定有原根.

证明 设 p 为素数, 由于我们已经知道 2, 3 均有原根, 故下设 $p \geqslant 5$. 设 $p - 1$ 的标准分解式为

$$p - 1 = p_1^{\alpha_1} \cdots p_t^{\alpha_t}.$$

由定理 2.1.2 及

$$x^{p_i^{\alpha_i}} - 1 \mid x^{p-1} - 1$$

知

$$x^{p_i^{\alpha_i}}-1\equiv 0 \pmod p$$

恰有 $p_i^{\alpha_i}$ 个解. 设它们为 $x\equiv x_{ij} \pmod p$ $(j=1,2,\cdots,p_i^{\alpha_i})$, 再设 x_{ij} 模 p 的阶为 r_{ij}, 由阶的性质知, $r_{ij}\mid p_i^{\alpha_i}$, 设

$$r_{ij}=p_i^{\beta_{ij}},\quad \beta_i=\max_j \beta_{ij},$$

则

$$\beta_i\leqslant \alpha_i,\quad r_{ij}\mid p_i^{\beta_i}.$$

因此

$$x_{ij}^{p_i^{\beta_i}}-1\equiv 0 \pmod p,\quad j=1,2,\cdots,p_i^{\alpha_i}.$$

这说明: 同余方程

$$x^{p_i^{\beta_i}}-1\equiv 0 \pmod p$$

至少有 $p_i^{\alpha_i}$ 个解. 根据定理 2.1.1 知, $\alpha_i\leqslant\beta_i$. 所以, $\alpha_i=\beta_i$. 注意到 β_i 为某个 β_{ij}, 我们有: $p_i^{\alpha_i}$ 为某个 x_{ij} 模 p 的阶. 这就证明了: 对每个 $1\leqslant i\leqslant t$, 存在 a_i, 使得 a_i 模 p 的阶为 $p_i^{\alpha_i}$.

令 $a=a_1\cdots a_t$. 下证 a 模 p 的阶为 $p-1$.

设 a 模 p 的阶为 r, 由推论 2.6.1 知, $r\mid\varphi(p)$, 即 $r\mid p-1$. 令 $p-1=p_i^{\alpha_i}m_i$ $(1\leqslant i\leqslant t)$, 则

$$p_j^{\alpha_j}\mid m_i,\quad j\neq i.$$

因此

$$a_j^{rm_i}\equiv 1 \pmod p,\quad j\neq i.$$

这样

$$a_i^{rm_i}\equiv a_1^{rm_i}\cdots a_t^{rm_i}\equiv a^{rm_i}\equiv 1 \pmod p.$$

注意到 a_i 模 p 的阶为 $p_i^{\alpha_i}$, 由阶的性质知

$$p_i^{\alpha_i}\mid rm_i.$$

又 $(m_i,p_i^{\alpha_i})=1$, 故

$$p_i^{\alpha_i}\mid r,\quad i=1,\cdots,t.$$

从而

$$p_1^{\alpha_1}\cdots p_t^{\alpha_t}\mid r,$$

即 $p-1\mid r$. 注意到 $r\mid p-1$, 我们有 $r=p-1$, 即 a 模 p 的阶为 $p-1$. 从而, a 是 p 的原根.

定理 2.7.1 得证.

定理 2.7.2 设 p 为奇素数, 则存在正整数 g, 使得对任何正整数 α, g 总是 p^α 及 $2p^\alpha$ 的原根.

证明 由定理 2.7.1 知, p 有原根, 设 g 是 p 的一个原根, 则 $g+p$ 也是 p 的一个原根. 由 p 为奇素数知, g 和 $g+p$ 中至少有一个为奇数. 因此, 不妨设 g 是 p 的一个奇的原根. 由原根的定义知, $g+2p$ 也是 p 的一个奇的原根. 根据费马小定理, 得 $g^{p-1}\equiv 1 \pmod p$. 设 $g^{p-1}=pk+1$, 则

$$\begin{aligned}(g+2p)^{p-1}&=g^{p-1}+(p-1)g^{p-2}(2p)+\frac{1}{2}(p-1)(p-2)g^{p-3}(2p)^2+\cdots\\&=pl+1,\end{aligned}$$

其中 $l\equiv k+2(p-1)g^{p-2} \pmod p$. 由于 $p\nmid 2(p-1)g^{p-2}$, 故 $p\nmid k$ 与 $p\nmid l$ 至少有一个成立.

综上, 不妨设 g 是 p 的一个奇的原根, $g^{p-1}=pk+1$, $p\nmid k$.

下证: 对任何正整数 α, g 总是 p^α 及 $2p^\alpha$ 的原根.

设 g 模 p^α 的阶为 r, 则

$$r\mid\varphi(p^\alpha),\quad g^r\equiv 1 \pmod{p^\alpha}.$$

从而

$$r\mid p^{\alpha-1}(p-1),\quad g^r\equiv 1 \pmod p. \tag{2.7.1}$$

由于 g 是 p 的原根, 故 g 模 p 的阶为 $p-1$. 根据阶的性质及 (2.7.1) 知, $p-1\mid r$. 再由 (2.7.1) 知

$$r=p^\beta(p-1),\quad \beta\leqslant\alpha-1. \tag{2.7.2}$$

由升幂定理 (定理 2.6.2) 知

$$\nu_p(g^r-1)=\nu_p\left(g^{p^\beta(p-1)}-1\right)=\beta+\nu_p(g^{p-1}-1)=\beta+1.$$

由于 g 模 p^α 的阶为 r, 故

$$\nu_p(g^r-1)\geqslant\alpha.$$

从而, $\beta+1\geqslant\alpha$, 即 $\beta\geqslant\alpha-1$, 结合 (2.7.2), 得 $\beta=\alpha-1$. 这样, g 模 p^α 的阶为

$$r=p^\beta(p-1)=p^{\alpha-1}(p-1)=\varphi(p^\alpha).$$

所以, g 是 p^α 的原根.

设 g 模 $2p^\alpha$ 的阶为 s, 则

$$s\mid\varphi(2p^\alpha),\quad g^s\equiv 1 \pmod{2p^\alpha}. \tag{2.7.3}$$

从而

$$g^s \equiv 1 \pmod{p^\alpha}. \tag{2.7.4}$$

又 g 是 p^α 的原根, 故由 (2.7.4) 知, $\varphi(p^\alpha) \mid s$. 注意到

$$\varphi(2p^\alpha) = \varphi(2)\varphi(p^\alpha) = \varphi(p^\alpha),$$

有 $\varphi(2p^\alpha) \mid s$. 再由 (2.7.3) 得 $s = \varphi(2p^\alpha)$. 所以, g 是 $2p^\alpha$ 的原根.

定理 2.7.2 得证.

附注 1 如果 g 是 p 的一个奇的原根, $g^{p-1} = 1 + pk$, $p \nmid k$, 那么 g 是所有 p^α 及 $2p^\alpha$ 的原根.

附注 2 如果 a 是 p 的二次剩余, 那么根据欧拉判别法, 有

$$a^{\frac{p-1}{2}} \equiv 1 \pmod{p}.$$

所以, 当 a 是 p 的二次剩余时, a 一定不是 p 的原根.

例 1 求一个正整数 g, 它是所有 $11^\alpha, 2 \cdot 11^\alpha$ 的原根, 其中 α 为任意正整数.

解 $11^\alpha, 2 \cdot 11^\alpha$ 的共同原根一定是奇数, 并且是 11 的原根. 由于

$$\left(\frac{3}{11}\right) = -\left(\frac{11}{3}\right) = -\left(\frac{2}{3}\right) = 1,$$

$$\left(\frac{5}{11}\right) = \left(\frac{11}{5}\right) = \left(\frac{1}{5}\right) = 1,$$

$$\left(\frac{7}{11}\right) = -\left(\frac{11}{7}\right) = -\left(\frac{4}{7}\right) = -1,$$

故 3, 5 是 11 的二次剩余, 7 是 11 的二次非剩余. 从而 3, 5 不是 11 的原根. 由欧拉判别法知, $7^5 \equiv -1 \pmod{11}$. 又 $7^2 \not\equiv 1 \pmod{11}$, 故 7 模 11 的阶 $r \neq 1, 2, 5$. 再由 $r \mid \varphi(11)$, 即 $r \mid 10$, 得 $r = 10$. 所以, 7 是 11 的原根. 下面判断 $7^{10} - 1$ 是否是 11^2 的倍数. 我们有

$$7^2 = 4 \times 11 + 5, \quad 7^4 \equiv 40 \times 11 + 25 \equiv 42 \times 11 + 3 \equiv -2 \times 11 + 3 \pmod{11^2},$$

$$7^8 \equiv -12 \times 11 + 9 \equiv -2 \pmod{11^2},$$

$$7^{10} \equiv 7^8 \times 7^2 \equiv -2(4 \times 11 + 5) \equiv -9 \times 11 + 1 \not\equiv 1 \pmod{11^2}.$$

因此, 7 是所有 $11^\alpha, 2 \cdot 11^\alpha$ 的原根, 其中 α 为任意正整数.

定理 2.7.3 如果 g 是 m 的一个原根, 那么

$$g^0, g^1, \cdots, g^{\varphi(m)-1}$$

是模 m 的一个简化剩余系.

证明 由 g 是 m 的一个原根知, g 与 m 互素, g 模 m 的阶为 $\varphi(m)$. 再由推论 2.6.2 知

$$g^0, g^1, \cdots, g^{\varphi(m)-1}$$

模 m 两两不同余. 由定理 1.2.6 知, 定理 2.7.3 得证.

定义 2.7.1 设 g 是 m 的一个原根, n 是与 m 互素的一个整数, $0 \leqslant u \leqslant \varphi(m)-1$, 使得

$$n \equiv g^u \pmod{m},$$

则称 u 是 n 模 m 关于原根 g 的指标, 记为 $u = \mathrm{ind}_g(n)$, 也可简记为 $u = \mathrm{ind}(n)$ (g 相对固定时).

指标具有以下基本性质:

(1) $\mathrm{ind}_g(ab) \equiv \mathrm{ind}_g(a) + \mathrm{ind}_g(b) \pmod{\varphi(m)}$;

(2) $\mathrm{ind}_g(1) = 0,\ \mathrm{ind}_g(g) = 1$.

模 m 关于原根 g 的指标类似于对数, 也称为离散对数. 下面通过例题介绍一下, 如何利用原根解二项高次同余方程? 所谓二项高次同余方程指形如

$$ax^n \equiv b \pmod{m}$$

的同余方程.

例 2 解下列同余方程:

(1) $3x^{11} \equiv 5 \pmod{13}$; (2) $22x^{21} \equiv 7 \pmod{13}$.

解 设 2 模 13 的阶为 r, 则 $r \mid 12$. 由于

$$2^4 \not\equiv 1 \pmod{13}, \quad 2^6 \not\equiv 1 \pmod{13},$$

故 $r \nmid 4$, $r \nmid 6$. 因此, $r = 12$. 所以, 2 是 13 的一个原根.

下面是以 2 为原根构造模 13 的指标表:

$\mathrm{ind}_2(a)$	0	1	2	3	4	5	6	7	8	9	10	11
a	1	2	4	8	3	6	12	11	9	5	10	7

这样

$$3x^{11} \equiv 5 \pmod{13} \Leftrightarrow \mathrm{ind}_2(3) + 11\mathrm{ind}_2(x) \equiv \mathrm{ind}_2(5) \pmod{12}$$

$$
\begin{aligned}
&\Leftrightarrow 4+11\mathrm{ind}_2(x)\equiv 9 \pmod{12}\\
&\Leftrightarrow \mathrm{ind}_2(x)\equiv 7 \pmod{12}\\
&\Leftrightarrow x\equiv 11 \pmod{13},
\end{aligned}
$$

$$
\begin{aligned}
22x^{21}\equiv 7 \pmod{13} &\Leftrightarrow 9x^{21}\equiv 7 \pmod{13}\\
&\Leftrightarrow \mathrm{ind}_2(9)+21\mathrm{ind}_2(x)\equiv \mathrm{ind}_2(7) \pmod{12}\\
&\Leftrightarrow 8+21\mathrm{ind}_2(x)\equiv 11 \pmod{12}\\
&\Leftrightarrow 21\mathrm{ind}_2(x)\equiv 3 \pmod{12}\\
&\Leftrightarrow 7\mathrm{ind}_2(x)\equiv 1 \pmod{4}\\
&\Leftrightarrow \mathrm{ind}_2(x)\equiv 3 \pmod{4}\\
&\Leftrightarrow \mathrm{ind}_2(x)\equiv 3,7,11 \pmod{12}\\
&\Leftrightarrow x\equiv 8,11,7 \pmod{13}.
\end{aligned}
$$

所以, $3x^{11}\equiv 5 \pmod{13}$ 的全部解为 $x\equiv 11 \pmod{13}$; $22x^{21}\equiv 7 \pmod{13}$ 的全部解为 $x\equiv 7,8,11 \pmod{13}$.

习 题 2.7

1. 正整数 $5,12,15,17,18,143,151$ 中哪些有原根?
2. 分别求 $13,19,41$ 的最小正原根.
3. 求一个正整数 g, 它是所有 $13^\alpha, 2\cdot 13^\alpha$ 的原根, 其中 α 为任意正整数.
4. 解下列同余方程:

(1) $2x^8\equiv 5 \pmod{11}$; (2) $18x^{17}\equiv 9 \pmod{11}$.

第 2 章总习题

1. 设 a 为非零整数, p,q 均是奇素数, $4a\mid p-q$, 证明: a 是 p 的二次剩余当且仅当 a 是 q 的二次剩余.

2. 试确定所有能表示成 a^2-2b^2 的素数, 其中 a,b 是整数.

3. 设 a 为正整数, n 为大于 1 的整数, $(n,a-1)=1$, 证明: $n\nmid a^n-1$.

4. 设 p 是奇素数, $p-1$ 的全部不同素因数为 $p_1,\cdots,p_t$, a 为整数, $p\nmid a$, 证明: 若

$$a^{\frac{p-1}{p_i}}\not\equiv 1 \pmod{p},\quad i=1,2,\cdots,t,$$

则 a 是 p 的原根.

5. 设 p 是奇素数, 证明: 形如 $2np+1$ 的素数有无穷多个, 其中 n 为正整数.

6. 设 p 是奇素数, k 为正整数, $p-1\nmid k$, 证明:

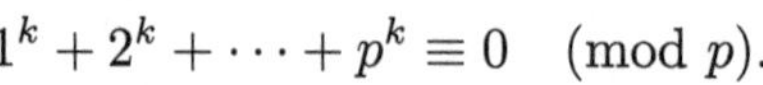

$$1^k+2^k+\cdots+p^k\equiv 0 \pmod p.$$

7. 设 p 为大于 3 的素数, $a_1,\cdots,a_{(p-1)/2}$ 均是模 p 的二次剩余, 它们模 p 两两不同余, 证明:

$$a_1+\cdots+a_{(p-1)/2}\equiv 0 \pmod p.$$

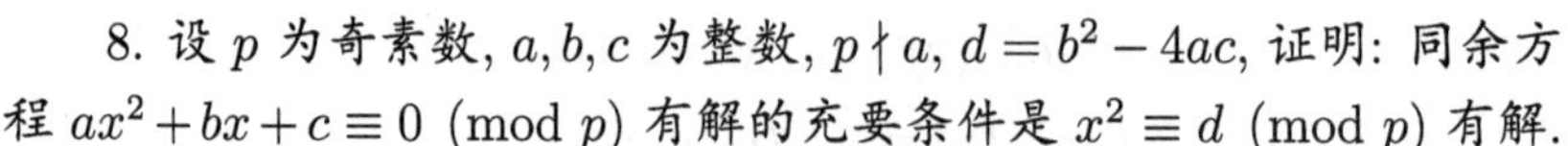

8. 设 p 为奇素数, a,b,c 为整数, $p\nmid a$, $d=b^2-4ac$, 证明: 同余方程 $ax^2+bx+c\equiv 0 \pmod p$ 有解的充要条件是 $x^2\equiv d \pmod p$ 有解.

9. 设 m_1,m_2 为互素的正整数, $f(x)$ 为整系数多项式, 证明: 同余方程 $f(x)\equiv 0 \pmod{m_1m_2}$ 与同余方程组

$$\begin{cases} f(x)\equiv 0 \pmod{m_1}, \\ f(x)\equiv 0 \pmod{m_2} \end{cases}$$

的解相同.

10. 设 n 为大于 1 的整数, $F_n=2^{2^n}+1$, p 为 F_n 的素因数, 证明: 存在正整数 k, 使得 $p=2^{n+2}k+1$.

11. 设 p 是形如 $4n+1$ 的素数, 证明: p 表示成两个正整数的平方和的表示法唯一 (不计两个正整数的次序).

12. 设 p 为大于 3 的素数, $a_1,\cdots,a_{(p-1)/2}$ 均是模 p 的二次非剩余, 它们模 p 两两不同余, 证明:

$$a_1+\cdots+a_{(p-1)/2}\equiv 0 \pmod p.$$

13. 求 46 的最小正原根.

14. 设 g 是正整数 m 的一个原根, k 是正整数, 证明:

(i) g^k 是 m 的原根的充要条件是 $(k,\varphi(m))=1$;

(ii) m 的原根个数 (在模 m 意义下) 为 $\varphi(\varphi(m))$.

15. 设 m 为大于 1 的正奇数, $m=p_1\cdots p_t$, 其中 $p_1,\cdots,p_t$ 为素数 (可以相同), 对于整数 a, 定义 a 对 m 的雅可比 (Jacobi) 符号如下:

$$\left(\frac{a}{m}\right)=\prod_{i=1}^{t}\left(\frac{a}{p_i}\right),$$

其中

$$\left(\frac{a}{p_i}\right)$$

是 a 对 p_i 的勒让德符号.

证明: (i) 若 $a \equiv b \pmod m$, 则

$$\left(\frac{a}{m}\right) = \left(\frac{b}{m}\right);$$

(ii)

$$\left(\frac{a^2}{m}\right) = \begin{cases} 1, & (a,m)=1, \\ 0, & (a,m) \neq 1; \end{cases}$$

(iii)

$$\left(\frac{ab}{m}\right) = \left(\frac{a}{m}\right)\left(\frac{b}{m}\right);$$

(iv)

$$\left(\frac{-1}{m}\right) = (-1)^{\frac{m-1}{2}}, \quad \left(\frac{2}{m}\right) = (-1)^{\frac{m^2-1}{8}};$$

(v) 对于互素的大于 1 的正奇数 m, n, 有如下互反律

$$\left(\frac{n}{m}\right) = (-1)^{\frac{m-1}{2}\cdot\frac{n-1}{2}}\left(\frac{m}{n}\right).$$

16. 设 m 为大于 1 的正奇数, a 是整数,

$$\left(\frac{a}{m}\right) = -1,$$

证明: 同余方程 $x^2 \equiv a \pmod m$ 无解.

17. 是否存在整数 a 及大于 1 的正奇数 m, 使得

$$\left(\frac{a}{m}\right) = 1,$$

但同余方程 $x^2 \equiv a \pmod m$ 无解?

第 3 章 不定方程

CHAPTER

整变量的方程通常称为不定方程, 这类方程通常是一个方程多个变量. 本章将介绍几类不定方程. 不定方程是数论的一个重要研究领域, 有着丰富的内容, 本章只介绍二元一次不定方程, 简单提及多元一次不定方程; 介绍不定方程 $x^2+y^2=z^2$, $x^4+y^4=z^4$, 无穷递降法以及佩尔 (Pell) 方程的有关知识.

3.1 一次不定方程

设 a,b,c 为给定的整数, a,b 不全为零, 本节考虑二元一次不定方程

$$ax+by=c.$$

定理 3.1.1 不定方程 $ax+by=c$ 有整数解的充要条件是 $(a,b)\mid c$.

证明 先证必要性. 设 $ax+by=c$ 有整数解, $x=x_0$, $y=y_0$ 为其一组整数解, 则

$$ax_0+by_0=c.$$

由于

$$(a,b)\mid a,\quad (a,b)\mid b,$$

故

$$(a,b)\mid ax_0+by_0,$$

即 $(a,b)\mid c$.

再证充分性. 设 $(a,b)\mid c$, 由裴蜀定理知, 存在整数 u,v, 使得

$$au+bv=(a,b).$$

令

$$s=u\frac{c}{(a,b)},\quad t=v\frac{c}{(a,b)},$$

则

$$as+bt=au\frac{c}{(a,b)}+bv\frac{c}{(a,b)}=c.$$

因此, 不定方程 $ax+by=c$ 有整数解.

定理 3.1.1 得证.

一般地, 我们有以下定理.

定理 3.1.2 设 $a_1,\cdots,a_n$ 为不全为零的整数, c 为整数, 则不定方程

$$a_1x_1+\cdots+a_nx_n=c$$

有整数解的充要条件是

$$(a_1,\cdots,a_n)\mid c.$$

定理 3.1.2 的证明留给读者.

定理 3.1.3 若不定方程 $ax+by=c$ 有整数解 $x=x_0$, $y=y_0$, 则它的全部整数解为

$$x=x_0+\frac{b}{(a,b)}t,\quad y=y_0-\frac{a}{(a,b)}t,\quad t\in\mathbb{Z}. \tag{3.1.1}$$

证明 由于

$$a\left(x_0+\frac{b}{(a,b)}t\right)+b\left(y_0-\frac{a}{(a,b)}t\right)=ax_0+by_0=c,$$

故 (3.1.1) 是 $ax+by=c$ 的整数解.

现在证明 $ax+by=c$ 的整数解均可表示成 (3.1.1) 的形式. 设 $x=x_1$, $y=y_1$ 是 $ax+by=c$ 的一组整数解, 则

$$ax_1+by_1=c=ax_0+by_0.$$

由此得

$$a(x_1-x_0)=b(y_0-y_1),$$

即

$$\frac{a}{(a,b)}(x_1-x_0)=\frac{b}{(a,b)}(y_0-y_1). \tag{3.1.2}$$

由于

$$\left(\frac{a}{(a,b)},\ \frac{b}{(a,b)}\right)=1,$$

故由 (3.1.2) 得

$$\frac{b}{(a,b)}\mid x_1-x_0.$$

从而可设

$$x_1 - x_0 = \frac{b}{(a,b)}t,$$

其中 t 为整数, 再由 (3.1.2) 得

$$y_0 - y_1 = \frac{a}{(a,b)}t.$$

所以

$$x_1 = x_0 + \frac{b}{(a,b)}t, \quad y_1 = y_0 - \frac{a}{(a,b)}t.$$

定理 3.1.3 得证.

例 1　解不定方程 $15x + 21y = 14$.

解　由于 $(15,21) = 3$, $3 \nmid 14$, 故方程 $15x + 21y = 14$ 无整数解.

例 2　解不定方程 $15x + 21y = 12$.

解　由于方程 $15x + 21y = 12$ 与方程 $5x + 7y = 4$ 有相同的整数解, 方程 $5x + 7y = 4$ 的一解为 $x = -2$, $y = 2$, 所以不定方程 $15x + 21y = 12$ 的全部整数解为

$$x = -2 + 7t, \quad y = 2 - 5t, \quad t \in \mathbb{Z}.$$

例 3　解不定方程 $115x + 221y = 11$.

解法一　首先利用辗转相除法求整数 u, v, 使得

$$115u + 221v = (115, 221).$$

由于

$$221 = 2 \times 115 - 9, \quad 115 = 13 \times 9 - 2, \quad 9 = 4 \times 2 + 1,$$

故 $(115, 221) = 1$,

$$\begin{aligned} 1 &= 9 - 4 \times 2 = 9 - 4(13 \times 9 - 115) = 4 \times 115 - 51 \times 9 \\ &= 4 \times 115 - 51(2 \times 115 - 221) = (-98) \times 115 + 51 \times 221. \end{aligned}$$

因此

$$11 \times (-98) \times 115 + 11 \times 51 \times 221 = 11.$$

注意到 $11 \times 51 = 561 = 5 \times 115 - 14$, 上述等式变为

$$(11 \times (-98) + 5 \times 221) \times 115 - 14 \times 221 = 11,$$

即

$$27 \times 115 - 14 \times 221 = 11.$$

所以, 不定方程 $115x + 221y = 11$ 的全部整数解为

$$x = 27 + 221t, \quad y = -14 - 115t, \quad t \in \mathbb{Z}.$$

解法二 首先解同余方程 $221y \equiv 11 \pmod{115}$. 我们有

$$\begin{aligned} 221y \equiv 11 \pmod{115} &\Leftrightarrow -9y \equiv 11 \pmod{115} \\ &\Leftrightarrow -9 \times 13y \equiv 11 \times 13 \pmod{115} \\ &\Leftrightarrow -2y \equiv 28 \pmod{115} \\ &\Leftrightarrow y \equiv -14 \pmod{115}. \end{aligned}$$

将 $y = -14$ 代入 $115x+221y = 11$, 解得 $x = 27$. 所以, 不定方程 $115x+221y = 11$ 的全部整数解为

$$x = 27 + 221t, \quad y = -14 - 115t, \quad t \in \mathbb{Z}.$$

下面考虑二元一次不定方程的非负整数解与正整数解. 容易看出

$$ax + by = c$$

有非负整数解当且仅当

$$ax + by = c + a + b$$

有正整数解;

$$ax + by = c$$

有正整数解当且仅当

$$ax + by = c - a - b$$

有非负整数解.

定理 3.1.4 设 a, b, c 为给定的正整数, $(a, b) = 1$, 则当 $c > ab - a - b$ 时, 不定方程 $ax + by = c$ 有非负整数解; 当 $c = ab - a - b$ 时, 不定方程 $ax + by = c$ 没有非负整数解.

证明 由定理 3.1.1 及 $(a, b) = 1$ 知, 不定方程 $ax + by = c$ 有整数解. 设 $x = x_0$, $y = y_0$ 为 $ax + by = c$ 的一组整数解, 则 $ax_0 + by_0 = c$. 根据带余除法定理, 存在整数 q, r, $0 \leqslant r < b$, 使得 $x_0 = qb + r$. 这样, $a(qb + r) + by_0 = c$, 即 $ar + b(y_0 + aq) = c$. 当 $c > ab - a - b$ 时, 我们有

$$b(y_0 + aq) = c - ar > ab - a - b - a(b - 1) = -b.$$

因此, $y_0 + aq > -1$, 即 $y_0 + aq \geqslant 0$. 这就证明了: $x = r$, $y = y_0 + aq$ 是不定方程 $ax + by = c$ 的一组非负整数解.

假设当 $c = ab - a - b$ 时, 不定方程 $ax + by = c$ 有非负整数解 $x = x_1$, $y = y_1$, 则

$$ax_1 + by_1 = c = ab - a - b.$$

因此

$$a(x_1 + 1) + b(y_1 + 1) = ab.$$

由此及 $(a, b) = 1$ 知, $a \mid y_1 + 1$, $b \mid x_1 + 1$. 注意到 x_1, y_1 为非负整数, 有 $y_1 + 1 \geqslant a$, $x_1 + 1 \geqslant b$. 这样

$$ab = a(x_1 + 1) + b(y_1 + 1) \geqslant ab + ba = 2ab,$$

与 a, b 为正整数矛盾.

定理 3.1.4 得证.

由定理 3.1.4 立即得下面定理.

定理 3.1.5 设 a, b, c 为给定的正整数, $(a, b) = 1$, 则当 $c > ab$ 时, 不定方程 $ax + by = c$ 有正整数解. 当 $c = ab$ 时, 不定方程 $ax + by = c$ 没有正整数解.

例 4 求不定方程 $5x + 11y = 101$ 的全部正整数解.

解 首先解同余方程 $11y \equiv 101 \pmod 5$, 它等价于 $y \equiv 1 \pmod 5$. 将 $y = 1$ 代入 $5x + 11y = 101$ 得 $x = 18$. 因此, $5x + 11y = 101$ 的全部整数解为

$$x = 18 - 11t, \quad y = 1 + 5t, \quad t \in \mathbb{Z}.$$

解不等式组

$$18 - 11t > 0, \quad 1 + 5t > 0, \quad t \in \mathbb{Z}$$

得 $t = 0, 1$. 对应两组解为 $(x, y) = (18, 1), (7, 6)$. 所以, 不定方程 $5x + 11y = 101$ 的全部正整数解为 $(x, y) = (18, 1), (7, 6)$.

例 5 求不定方程 $15x - 13y = 1$ 的全部正整数解.

解 首先解同余方程 $15x \equiv 1 \pmod{13}$, 它等价于 $2x \equiv 1 \pmod{13}$, 解为 $x \equiv 7 \pmod{13}$. 将 $x = 7$ 代入 $15x - 13y = 1$ 得 $y = 8$. 因此, 不定方程 $15x - 13y = 1$ 的全部整数解为

$$x = 7 + 13t, \quad y = 8 + 15t, \quad t \in \mathbb{Z}.$$

所以, 不定方程 $15x - 13y = 1$ 的全部正整数解为

$$x = 7 + 13t, \quad y = 8 + 15t, \quad t = 0, 1, 2, \cdots.$$

最后, 我们通过例子说明多元一次不定方程的解法.

例 6 解不定方程 $15x_1+21x_2-35x_3=232$.

解 注意到 $(15,21)=3$, 首先解 $3x_4-35x_3=232$. 解同余方程

$$-35x_3\equiv 232 \pmod 3,$$

得 $x_3\equiv 1 \pmod 3$. 将 $x_3=1$ 代入 $3x_4-35x_3=232$ 得 $x_4=89$. 因此, $3x_4-35x_3=232$ 的全部整数解为

$$x_3=1+3t,\quad x_4=89+35t,\quad t\in\mathbb{Z}.$$

再解 $15x_1+21x_2=3x_4$, 即 $5x_1+7x_2=89+35t$. 解同余方程

$$7x_2\equiv 89+35t \pmod 5,$$

得 $x_2\equiv 2 \pmod 5$. 将 $x_2=2$ 代入 $5x_1+7x_2=89+35t$ 得 $x_1=15+7t$. 因此, $5x_1+7x_2=89+35t$ 的全部整数解为

$$x_1=15+7t+7s,\quad x_2=2-5s,\quad s\in\mathbb{Z}.$$

综上, $15x_1+21x_2-35x_3=232$ 的全部整数解为

$$x_1=15+7t+7s,\quad x_2=2-5s,\quad x_3=1+3t,\quad s,t\in\mathbb{Z}.$$

例 6 表明多元一次不定方程总可以转化为二元一次不定方程来解.

习 题 3.1

1. 解不定方程 $15x+31y=19$.
2. 解不定方程 $55x+30y=28$.
3. 求不定方程 $7x+13y=301$ 的全部正整数解.
4. 求不定方程 $35x-26y=2$ 的全部正整数解.
5. 解不定方程 $14x_1+21x_2+19x_3=232$.

3.2 不定方程 $x^2+y^2=z^2$

本节我们研究不定方程 $x^2+y^2=z^2$, 试图给出它的全部整数解. 首先, 当 $x=0$ 时, 方程变为 $y^2=z^2$, 此时全部整数解为 $(x,y,z)=(0,k,\pm k)$ $(k\in\mathbb{Z})$. 同理, 当 $y=0$ 时, 方程的全部整数解为 $(x,y,z)=(k,0,\pm k)$ $(k\in\mathbb{Z})$. 下设 $xy\neq 0$. 从而 $z\neq 0$. 不妨设 $x>0$, $y>0$, $z>0$. 由于方程两边可同时除以 x,y 的最大公

约数, 故可设 $(x,y)=1$. 由此得 x,y,z 两两互素. 若 x,y 均为奇数, 则 x^2, y^2 被 4 除, 余数均为 1. 这样, x^2+y^2 被 4 除, 余数为 2. 而 z^2 被 4 除, 余数只可能为 0,1, 矛盾. 所以进一步可设 x,y 一奇一偶.

综上, 我们只要考虑不定方程 $x^2+y^2=z^2$ 满足条件

$$(x,y)=1,\quad 2\mid x,\quad 2\nmid y$$

的正整数解.

首先证明如下引理.

引理 3.2.1 设 m,n,k,l 为正整数, $mn=k^l$, $(m,n)=1$, 则存在唯一的一组正整数 u,v, 使得

$$m=u^l,\quad n=v^l,\quad k=uv.$$

证明 由 $(m,n)=1$ 知, 可设 m,n 的标准分解式为

$$m=p_1^{\alpha_1}\cdots p_s^{\alpha_s},\quad n=p_{s+1}^{\alpha_{s+1}}\cdots p_t^{\alpha_t}.$$

由 $mn=k^l$ 知, k 的素因数均为 mn 的素因数. 设

$$k=p_1^{\beta_1}\cdots p_t^{\beta_t},$$

则

$$p_1^{\alpha_1}\cdots p_t^{\alpha_t}=mn=k^l=p_1^{l\beta_1}\cdots p_t^{l\beta_t}.$$

由标准分解式的唯一性知, $\alpha_i=l\beta_i\ (i=1,2,\cdots,t)$. 令

$$u=p_1^{\beta_1}\cdots p_s^{\beta_s},\quad v=p_{s+1}^{\beta_{s+1}}\cdots p_t^{\beta_t},$$

则 $m=u^l$, $n=v^l$, $k=uv$. 由标准分解式的唯一性知, u,v 是唯一的.

引理 3.2.1 得证.

定理 3.2.1 不定方程 $x^2+y^2=z^2$ 满足条件 $(x,y)=1$, $2\mid x$, $2\nmid y$ 的全部正整数解为

$$x=2ab,\quad y=a^2-b^2,\quad z=a^2+b^2,$$

其中 a, b 为整数, 一奇一偶, $a>b\geqslant 1$, $(a,b)=1$.

证明 分为两部分: 一是要证明所给形式是满足条件的解; 二是要证明满足条件的解具有所给的形式.

先证所给形式是满足条件的解.

设 a, b 为整数, 一奇一偶, $a>b\geqslant 1$, $(a,b)=1$. 由恒等式

$$(2ab)^2+(a^2-b^2)^2=(a^2+b^2)^2$$

知

$$x=2ab,\quad y=a^2-b^2,\quad z=a^2+b^2$$

为不定方程 $x^2+y^2=z^2$ 满足 $2\mid x$, $2\nmid y$ 的正整数解. 现在证明

$$(2ab,a^2-b^2)=1.$$

用反证法. 假设 $(2ab,a^2-b^2)>1$, 则存在素数 p, 使得 $p\mid(2ab,a^2-b^2)$. 由此得 $p\mid 2ab$, $p\mid a^2-b^2$. 由 $p\mid a^2-b^2$, a, b 一奇一偶知, $p\neq 2$. 再由 $p\mid 2ab$ 知, $p\mid a$ 或 $p\mid b$. 若 $p\mid a$, 则由 $p\mid a^2-b^2$ 知, $p\mid b$, 与 $(a,b)=1$ 矛盾. 因此, $p\nmid a$. 同理: $p\nmid b$. 这与 $p\mid a$ 或 $p\mid b$ 矛盾. 所以, $(2ab,a^2-b^2)=1$. 这就证明了: 所给形式是满足条件的正整数解.

再证满足条件的正整数解具有所给的形式.

设 x_1,y_1,z_1 是正整数, $x_1^2+y_1^2=z_1^2$, $(x_1,y_1)=1$, $2\mid x_1$, $2\nmid y_1$. 我们有

$$\left(\frac{x_1}{2}\right)^2=\frac{z_1+y_1}{2}\frac{z_1-y_1}{2}. \tag{3.2.1}$$

下证

$$\left(\frac{z_1+y_1}{2},\frac{z_1-y_1}{2}\right)=1. \tag{3.2.2}$$

设

$$d=\left(\frac{z_1+y_1}{2},\frac{z_1-y_1}{2}\right),$$

则

$$d\mid\frac{z_1+y_1}{2},\quad d\mid\frac{z_1-y_1}{2}.$$

因此

$$d\mid\frac{z_1+y_1}{2}+\frac{z_1-y_1}{2},\quad d\mid\frac{z_1+y_1}{2}-\frac{z_1-y_1}{2},$$

即 $d\mid z_1$, $d\mid y_1$. 再由 $x_1^2+y_1^2=z_1^2$ 知, $d\mid x_1$. 注意到 $(x_1,y_1)=1$, 有 $d=1$. 这就证明了 (3.2.2). 由 (3.2.1), (3.2.2) 及引理 3.2.1 知, 存在正整数 a,b 使得

$$\frac{z_1+y_1}{2}=a^2,\quad \frac{z_1-y_1}{2}=b^2,\quad \frac{x_1}{2}=ab,$$

即

$$x_1=2ab,\quad y_1=a^2-b^2,\quad z_1=a^2+b^2.$$

由 $y_1>0$ 知 $a>b\geqslant 1$. 根据 $2\nmid y_1$ 得 a,b 一奇一偶. 由 (3.2.2) 知, $(a,b)=1$. 这就证明了: 满足条件的解具有所给的形式.

定理 3.2.1 得证.

习 题 3.2

1. 求出所有的正整数对 (x, y), 使得 $x^2 + y^2 = 41^2$.
2. 证明: $3^x + 4^y = 5^z$ 的正整数解只有 $x = y = z = 2$.
3. 设 a, b, c 为整数, $a^2 + b^2 = c^2$, 证明: $60 \mid abc$.

3.3 费马无穷递降法与不定方程 $x^4 + y^4 = z^4$

费马曾断言: 对于任何整数 $n \geqslant 3$, 不定方程 $x^n + y^n = z^n$ 都没有正整数解. 后人将这一断言称为费马大定理. 几百年来, 费马大定理引起了众多数学家的兴趣, 其研究推动了数学学科多个研究领域的发展. 直到 1994 年, 费马大定理才由怀尔斯 (A. Wiles) 证明. 本节我们将对 $n = 4$ 证明费马大定理.

定理 3.3.1(费马) 不定方程 $x^4 + y^4 = z^4$ 无正整数解.

目前还没有见到这一结果的直接证明. 我们将证明如下更强的结果.

定理 3.3.2 不定方程 $x^4 + y^4 = z^2$ 无正整数解.

证明 我们用反证法. 假设 $x^4 + y^4 = z^2$ 有正整数解. 不妨设 (x_0, y_0, z_0) 是一组正整数解, 并且 z_0 最小. 目标是由此找到一组正整数解, 其 z 比 z_0 更小.

由 z_0 最小知, $(x_0, y_0) = 1$. 从而 $(x_0^2, y_0^2) = 1$. 注意到

$$(x_0^2)^2 + (y_0^2)^2 = z_0^2,$$

我们知道 x_0, y_0 中一定有一个是偶数 (见 3.2 节的讨论), 不妨设 x_0 为偶数, 则由 $(x_0, y_0) = 1$ 知, y_0 为奇数. 由定理 3.2.1 知, 存在整数 $a > b \geqslant 1$, $(a, b) = 1$, a, b 一奇一偶, 使得

$$x_0^2 = 2ab, \quad y_0^2 = a^2 - b^2, \quad z_0 = a^2 + b^2.$$

由 $y_0^2 = a^2 - b^2$ 知, $b^2 + y_0^2 = a^2$. 注意到 $(a, b) = 1$, 我们有 $(b, y_0) = 1$. 由 y_0 为奇数知, b 为偶数. 由定理 3.2.1 知, 存在整数 $u > v \geqslant 1$, $(u, v) = 1$, u, v 一奇一偶, 使得

$$b = 2uv, \quad y_0 = u^2 - v^2, \quad a = u^2 + v^2.$$

由 $x_0^2 = 2ab$ 知

$$\left(\frac{x_0}{2}\right)^2 = a\ \frac{b}{2}.$$

由 $(a, b) = 1$ 得 $(a, b/2) = 1$. 根据引理 3.2.1, 存在正整数 s, t, 使得

$$a = s^2, \quad \frac{b}{2} = t^2.$$

再由

$$uv = \frac{b}{2} = t^2, \quad (u, v) = 1$$

及引理 3.2.1 知, 存在正整数 x_1, y_1, 使得

$$u = x_1^2, \quad v = y_1^2.$$

这样, $a = u^2 + v^2$ 变为

$$x_1^4 + y_1^4 = s^2, \quad 1 \leqslant s \leqslant a < z_0,$$

与 z_0 的最小性矛盾. 所以, 不定方程 $x^4 + y^4 = z^2$ 无正整数解.

定理 3.3.2 得证.

附注 定理 3.3.2 的证明所用的方法称为无穷递降法. 这一方法主要用于证明满足某条件的正整数不存在. 定理 3.3.2 的证明是由费马首先给出的.

3.4 佩尔方程

本节考虑不定方程 $x^2 - dy^2 = 1$ 的正整数解. 若 $d < 0$, 则 $x^2 - dy^2 = 1$ 没有正整数解. 若 $d = 0$, 则 $x^2 - dy^2 = 1$ 的正整数解为 $(1, k)$, 其中 k 为任意正整数. 若 $d = a^2$, a 为正整数, 则对任何正整数 x, y, 有 $x^2 - dy^2 = 0$ 或

$$|x^2 - dy^2| = |x - ay|(x + ay) \geqslant x + ay \geqslant 2.$$

因此, 当 $d = a^2$, a 为正整数时, 对任何正整数 x, y, 有 $x^2 - dy^2 \neq 1$.

下面总假设 d 为正整数, 且不是平方数. 此时, 我们称 $x^2 - dy^2 = 1$ 为佩尔方程. 如果 u, v 均为正整数, $u^2 - dv^2 = 1$, 则称 (u, v) 为 $x^2 - dy^2 = 1$ 的一组正整数解. 如果 (u_1, v_1) 是这样的正整数解中使得 u 最小的一组 (由 $u^2 - dv^2 = 1$ 知, 这等价于 $u + v\sqrt{d}$ 最小), 那么称 (u_1, v_1) 为 $x^2 - dy^2 = 1$ 的最小正整数解.

下面看一些例子:

$$3^2 - 2 \times 2^2 = 1, \quad 7^2 - 3 \times 4^2 = 1, \quad 9^2 - 5 \times 4^2 = 1, \quad 5^2 - 6 \times 2^2 = 1,$$

$$8^2 - 7 \times 3^2 = 1, \quad 17^2 - 8 \times 6^2 = 1, \quad 19^2 - 10 \times 6^2 = 1, \quad 10^2 - 11 \times 3^2 = 1.$$

基于这些例子, 可以猜测: 当 d 为正整数, 且不是平方数时, 佩尔方程 $x^2 - dy^2 = 1$ 一定有正整数解. 本节的主要目的是证明这一猜测正确, 并且给出它的全部解.

定理 3.4.1 设 d 为正整数, 且不是平方数, (x_1, y_1) 是 $x^2 - dy^2 = 1$ 的最小正整数解, 则 $x^2 - dy^2 = 1$ 的全部正整数解是由以下公式给出的正整数对 (x_n, y_n):

$$x_n + y_n\sqrt{d} = (x_1 + y_1\sqrt{d})^n, \quad n = 1, 2, \cdots. \tag{3.4.1}$$

证明　先证满足 (3.4.1) 的正整数对 (x_n, y_n) 是 $x^2-dy^2=1$ 的解.

对于正整数 n, 由 $(x_1+y_1\sqrt{d})^n$ 的二项式展开式得

$$x_n=\sum_{0\leqslant i\leqslant n/2}\mathrm{C}_n^{2i}x_1^{n-2i}y_1^{2i}d^i,\quad y_n=\sum_{0\leqslant i<n/2}\mathrm{C}_n^{2i+1}x_1^{n-2i-1}y_1^{2i+1}d^i.$$

这样

$$\begin{aligned}(x_1-y_1\sqrt{d})^n&=\sum_{0\leqslant i\leqslant n/2}\mathrm{C}_n^{2i}x_1^{n-2i}(-y_1\sqrt{d})^{2i}+\sum_{0\leqslant i<n/2}\mathrm{C}_n^{2i+1}x_1^{n-2i-1}(-y_1\sqrt{d})^{2i+1}\\&=x_n-y_n\sqrt{d}.\end{aligned}\tag{3.4.2}$$

因此

$$\begin{aligned}x_n^2-dy_n^2&=(x_n+y_n\sqrt{d})(x_n-y_n\sqrt{d})\\&=(x_1+y_1\sqrt{d})^n(x_1-y_1\sqrt{d})^n\\&=(x_1^2-dy_1^2)^n=1.\end{aligned}\tag{3.4.3}$$

这就证明了: 公式 (3.4.1) 给出的 (x_n, y_n) 确实是 $x^2-dy^2=1$ 的正整数解.

下证 $x^2-dy^2=1$ 的任一正整数解 (u,v) 都可由公式 (3.4.1) 给出.

由于 (x_1,y_1) 是 $x^2-dy^2=1$ 的最小正整数解, 故 $u+v\sqrt{d}\geqslant x_1+y_1\sqrt{d}$. 假设 $u+v\sqrt{d}$ 不能由公式 (3.4.1) 给出, 则存在正整数 n 使得

$$(x_1+y_1\sqrt{d})^n<u+v\sqrt{d}<(x_1+y_1\sqrt{d})^{n+1},$$

即

$$1<(u+v\sqrt{d})(x_1+y_1\sqrt{d})^{-n}<x_1+y_1\sqrt{d}.\tag{3.4.4}$$

根据 (3.4.2) 和 (3.4.3) 得

$$(x_1+y_1\sqrt{d})^{-n}=(x_1-y_1\sqrt{d})^n=x_n-y_n\sqrt{d}.$$

再由 (3.4.4) 及上式知

$$1<(u+v\sqrt{d})(x_n-y_n\sqrt{d})<x_1+y_1\sqrt{d}.\tag{3.4.5}$$

令 $s=x_nu-dy_nv$, $t=x_nv-y_nu$. 这样, (3.4.5) 变为

$$1<s+t\sqrt{d}<x_1+y_1\sqrt{d}.\tag{3.4.6}$$

注意到

$$s^2-dt^2=(x_nu-dy_nv)^2-d(x_nv-y_nu)^2=(x_n^2-dy_n^2)(u^2-dv^2)=1,$$

有 $0 < s - t\sqrt{d} < 1$. 由 $0 < s - t\sqrt{d} < 1 < s + t\sqrt{d}$ 知, $s > 0$, $t > 0$. 因此, (s,t) 是 $x^2 - dy^2 = 1$ 的正整数解, 再由 (x_1, y_1) 是 $x^2 - dy^2 = 1$ 的最小正整数解知, $s + t\sqrt{d} \geqslant x_1 + y_1\sqrt{d}$, 与 (3.4.6) 矛盾.

定理 3.4.1 得证.

例 1 求 $x^2 - 5y^2 = 1$ 的全部正整数解.

解 将 $y = 1, 2, \cdots$ 依次代入 $x^2 - 5y^2 = 1$ 得最小正整数解 $(x, y) = (9, 4)$. 因此, $x^2 - 5y^2 = 1$ 的全部正整数解是由以下公式给出的正整数对 (x_n, y_n):

$$x_n + y_n\sqrt{5} = (9 + 4\sqrt{5})^n, \quad n = 1, 2, \cdots.$$

下面我们证明: 当 d 为正整数, 且不是平方数时, $x^2 - dy^2 = 1$ 一定有正整数解.

先证如下的狄利克雷 (Dirichlet) 定理:

定理 3.4.2 (狄利克雷定理) 设 α 为实数, N 为正整数, 则存在整数 k, l, 使得

$$\left|\alpha - \frac{l}{k}\right| \leqslant \frac{1}{k(N+1)}, \quad 1 \leqslant k \leqslant N.$$

证明 只要证明: 存在整数 k, l, 使得

$$|k\alpha - l| \leqslant \frac{1}{N+1}, \quad 1 \leqslant k \leqslant N.$$

回顾一下: $\{x\}$ 表示实数 x 的小数部分. 我们考虑

$$\{\alpha\}, \{2\alpha\}, \cdots, \{N\alpha\}.$$

如果存在整数 k, $1 \leqslant k \leqslant N$, 使得

$$\{k\alpha\} \leqslant \frac{1}{N+1} \text{ 或 } \{k\alpha\} \geqslant \frac{N}{N+1},$$

即

$$0 \leqslant k\alpha - [k\alpha] \leqslant \frac{1}{N+1} \text{ 或 } \frac{N}{N+1} \leqslant k\alpha - [k\alpha] < 1,$$

那么取 $l = [k\alpha]$ 或 $l = [k\alpha] + 1$ 即可. 下设

$$\{i\alpha\} \in \left(\frac{1}{N+1}, \frac{N}{N+1}\right), \quad 1 \leqslant i \leqslant N.$$

这样, N 个数 $\{i\alpha\}$ 属于 $N-1$ 个小区间

$$\left(\frac{j}{N+1},\frac{j+1}{N+1}\right],\quad 1\leqslant j\leqslant N-1$$

的并, 从而至少有两个数在同一个小区间中, 即存在 $1\leqslant i_1<i_2\leqslant N$ 及 $1\leqslant j_1\leqslant N-1$, 使得

$$\{i_1\alpha\},\{i_2\alpha\}\in\left(\frac{j_1}{N+1},\frac{j_1+1}{N+1}\right].$$

这样

$$|\{i_2\alpha\}-\{i_1\alpha\}|<\frac{1}{N+1},$$

即

$$|(i_2-i_1)\alpha-[i_2\alpha]+[i_1\alpha]|<\frac{1}{N+1}.$$

取 $k=i_2-i_1$, $l=[i_2\alpha]-[i_1\alpha]$ 即可.

定理 3.4.2 得证.

推论 3.4.1　设 α 为实数, N 为正整数, 则存在互素的整数 k,l, 使得

$$\left|\alpha-\frac{l}{k}\right|\leqslant\frac{1}{k(N+1)},\quad 1\leqslant k\leqslant N.$$

证明　由定理 3.4.2 知, 存在整数 k',l', 使得

$$\left|\alpha-\frac{l'}{k'}\right|\leqslant\frac{1}{k'(N+1)},\quad 1\leqslant k'\leqslant N.$$

将 l'/k' 写成最简分数 l/k, 有 $1\leqslant k\leqslant k'\leqslant N$ 及

$$\left|\alpha-\frac{l}{k}\right|=\left|\alpha-\frac{l'}{k'}\right|\leqslant\frac{1}{k'(N+1)}\leqslant\frac{1}{k(N+1)}.$$

推论 3.4.1 得证.

推论 3.4.2　设 α 为正的实无理数, 则存在无穷多对互素的正整数 k,l, 使得

$$\left|\alpha-\frac{l}{k}\right|<\frac{1}{k^2}.\tag{3.4.7}$$

证明 由 $|\alpha-[\alpha]-1|=1-\{\alpha\}<1$ 知, (3.4.7) 对 $k=1$, $l=[\alpha]+1$ 成立. 假设只有有限多对互素的正整数 k,l, 使得 (3.4.7) 成立, 设这有限多对互素的正整数 k,l 为 k_i,l_i $(1\leqslant i\leqslant t)$. 令 $k_0=1$, $l_0=0$. 由 α 为实无理数知

$$\left|\alpha-\frac{l_i}{k_i}\right|>0,\quad 0\leqslant i\leqslant t.$$

取一个正整数 N, 使得

$$\left|\alpha-\frac{l_i}{k_i}\right|>\frac{1}{N+1},\quad 0\leqslant i\leqslant t.$$

根据推论 3.4.1 知, 存在互素的整数 k,l, 使得

$$\left|\alpha-\frac{l}{k}\right|\leqslant\frac{1}{k(N+1)},\quad 1\leqslant k\leqslant N.$$

从而

$$\left|\alpha-\frac{l}{k}\right|\leqslant\frac{1}{k(N+1)}<\frac{1}{k^2},$$

$$\left|\alpha-\frac{l}{k}\right|\leqslant\frac{1}{N+1}<\left|\alpha-\frac{l_i}{k_i}\right|,\quad 0\leqslant i\leqslant t.$$

当 $i=0$ 时, 由最后一个不等式得

$$\left|\alpha-\frac{l}{k}\right|<\alpha.$$

因此, $l>0$. 这样, 正整数 k,l 满足 (3.4.7), 但与 k_i,l_i $(1\leqslant i\leqslant t)$ 均不同, 矛盾.

推论 3.4.2 得证.

定理 3.4.3 当 d 为正整数, 且不是平方数时, $x^2-dy^2=1$ 一定有正整数解.

证明 由推论 3.4.2 知, 存在无穷多对互素的正整数 k,l, 使得

$$\left|\sqrt{d}-\frac{l}{k}\right|<\frac{1}{k^2},$$

即

$$\left|l-k\sqrt{d}\right|<\frac{1}{k}.$$

我们有

$$|l^2-dk^2|=|l-k\sqrt{d}|\left(l+k\sqrt{d}\right)<\frac{1}{k}\left(\frac{1}{k}+2k\sqrt{d}\right)\leqslant 2\sqrt{d}+1.$$

由此知, 存在整数 L 及无穷多对互素的正整数 k, l, 使得 $l^2 - dk^2 = L$. 由 d 不是平方数知, $L \neq 0$. 由于 k 模 $|L|$ 至多取 $|L|$ 个值, 故存在 k_0 及无穷多对互素的正整数 k, l, 使得 $l^2 - dk^2 = L, k \equiv k_0 \pmod{|L|}$. 又 l 模 $|L|$ 至多取 $|L|$ 个值, 故存在 l_0 及无穷多对互素的正整数 k, l, 使得

$$l^2 - dk^2 = L, \quad k \equiv k_0 \pmod{|L|}, \quad l \equiv l_0 \pmod{|L|}.$$

设 k_1, l_1 及 k_2, l_2 是这样的两对 (不同) 正整数, 则

$$l_i^2 - dk_i^2 = L, \quad k_i \equiv k_0 \pmod{|L|}, \quad l_i \equiv l_0 \pmod{|L|}, \quad i = 1, 2.$$

我们有

$$L^2 = (l_1^2 - dk_1^2)(l_2^2 - dk_2^2) = (l_1 l_2 - dk_1 k_2)^2 - d(l_1 k_2 - l_2 k_1)^2,$$

$$l_1 l_2 - dk_1 k_2 \equiv l_1^2 - dk_1^2 \equiv 0 \pmod{|L|},$$

$$l_1 k_2 - l_2 k_1 \equiv l_1 k_1 - l_1 k_1 \equiv 0 \pmod{|L|}.$$

令

$$l_1 l_2 - dk_1 k_2 = u|L|, \quad l_1 k_2 - l_2 k_1 = v|L|,$$

则 $u^2 - dv^2 = 1$. 假设 $v = 0$, 则 $l_1 k_2 - l_2 k_1 = 0$. 再由 $(k_1, l_1) = 1$ 及 $(k_2, l_2) = 1$ 知 $k_1 = k_2$, $l_1 = l_2$, 矛盾. 所以, $v \neq 0$. 再由 $u^2 - dv^2 = 1$ 得 $u \neq 0$. 这样 $x = |u|, y = |v|$ 就是 $x^2 - dy^2 = 1$ 的正整数解.

定理 3.4.3 得证.

习 题 3.4

1. 求 $x^2 - 7y^2 = 1$ 的全部正整数解.

2. 证明: $x^2 - 5y^2 = -1$ 有无穷多组正整数解.

3. 设 d 为正整数, 且不是平方数, (u_1, v_1) 与 (u_2, v_2) 均是 $x^2 - dy^2 = 1$ 的正整数解, 证明: $u_1 \leqslant u_2$ 的充要条件是

$$u_1 + v_1\sqrt{d} \leqslant u_2 + v_2\sqrt{d}.$$

第 3 章总习题

1. 设 a, b, c 为给定的正整数, $(a, b) = 1$, 证明: 不定方程 $ax + by = c$ 的非负整数解的个数为

$$\left[\frac{c}{ab}\right] \text{ 或 } \left[\frac{c}{ab}\right] + 1,$$

其中 $[y]$ 表示实数 y 的整数部分.

2. 证明: $5^x + 12^y = 13^z$ 的正整数解只有 $x = y = z = 2$.

3. 设 d 为正整数, 且不是平方数, u, v, s, t 为整数, $u + v\sqrt{d} = s + t\sqrt{d}$, 证明: $u = s, v = t$.

4. 设 d 为正整数, 且不是平方数, 佩尔方程 $x^2 - dy^2 = 1$ 的最小正整数解为 (x_1, y_1), 证明: $x^2 - dy^2 = 1$ 的全部正整数解为

$$
\begin{aligned}
x &= \frac{1}{2}\left((x_1 + y_1\sqrt{d})^n + (x_1 - y_1\sqrt{d})^n\right), \\
y &= \frac{1}{2\sqrt{d}}\left((x_1 + y_1\sqrt{d})^n - (x_1 - y_1\sqrt{d})^n\right), \quad n = 1, 2, \cdots.
\end{aligned}
$$

第3章总习题
第2题

第 4 章 素数分布

CHAPTER

如果一个大于 1 的整数的正因数只有 1 与它本身, 那么称这个正整数为素数. 素数一直是数论的中心研究内容, 有许多著名的猜想有待解决, 如哥德巴赫猜想、孪生素数猜想等.

我们已经证明了以下结论. (1) 每个大于 1 的整数总可以表示成一些素数之积, 并且, 在不计因子次序的前提下, 表示法唯一. (2) 素数有无穷多个. 我们还会证: (i) 形如 $4n-1$ 的素数有无穷多个; (ii) 形如 $4n+1$ 的素数有无穷多个; (iii) 形如 $8n+1$, $8n+3$, $8n+5$, $8n+7$ 的素数均有无穷多个. 不难发现这里 (iii) 包含 (i) 和 (ii). 本章将进一步介绍素数分布的一些初等结果, 涉及 $n!$ 的标准分解式、切比雪夫定理、素数的倒数和、正整数的素因数个数、Bertrand 假设等.

本章中的对数 log 均指自然对数 ln.

4.1 $n!$ 的标准分解式

本节我们给出 $n!$ 的标准分解式, 后面几节将给出它的应用.

定理 4.1.1 设 n 为正整数, 则

$$n! = \prod_{p\leqslant n} p^{\alpha_p(n)},$$

这里 $\prod_{p\leqslant n}$ 表示过满足 $p\leqslant n$ 的所有素数 p 求积,

$$\alpha_p(n) = \sum_{k=1}^{\infty}\left[\frac{n}{p^k}\right].$$

证明 因为 $1,2,\cdots,n$ 中能被 p^k 整除但不能被 p^{k+1} 整除的数的个数为

$$\left[\frac{n}{p^k}\right]-\left[\frac{n}{p^{k+1}}\right],$$

所以

$$\alpha_p(n) = \left(\left[\frac{n}{p}\right]-\left[\frac{n}{p^2}\right]\right)+2\left(\left[\frac{n}{p^2}\right]-\left[\frac{n}{p^3}\right]\right)+3\left(\left[\frac{n}{p^3}\right]-\left[\frac{n}{p^4}\right]\right)+\cdots$$

$$
\begin{aligned}
&= \left[\frac{n}{p}\right] - \left[\frac{n}{p^2}\right] + 2\left[\frac{n}{p^2}\right] - 2\left[\frac{n}{p^3}\right] + 3\left[\frac{n}{p^3}\right] - 3\left[\frac{n}{p^4}\right] + \cdots \\
&= \sum_{k=1}^{\infty}\left[\frac{n}{p^k}\right].
\end{aligned}
$$

定理 4.1.1 得证.

定理 4.1.2 设 n 为正整数, $n_1, \cdots, n_t$ 为非负整数, $n = n_1 + \cdots + n_t$, 则

$$
\frac{n!}{n_1! \cdots n_t!} \tag{4.1.1}
$$

一定是整数.

证明 设 p 为素数, 则由定理 4.1.1 知, (4.1.1) 中 p 的幂次为

$$
\begin{aligned}
&\alpha_p(n) - (\alpha_p(n_1) + \cdots + \alpha_p(n_t)) \\
&= \sum_{k=1}^{\infty}\left[\frac{n}{p^k}\right] - \sum_{i=1}^{t}\sum_{k=1}^{\infty}\left[\frac{n_i}{p^k}\right] \\
&= \sum_{k=1}^{\infty}\left[\frac{n}{p^k} - \sum_{i=1}^{t}\left[\frac{n_i}{p^k}\right]\right] \\
&= \sum_{k=1}^{\infty}\left[\sum_{i=1}^{t}\left(\frac{n_i}{p^k} - \left[\frac{n_i}{p^k}\right]\right)\right] \\
&\geqslant 0.
\end{aligned}
$$

所以, (4.1.1) 一定是整数.

定理 4.1.2 得证.

例 1 求 31! 末尾 0 的个数.

解 求 31! 末尾 0 的个数就是要求 31! 的标准分解式中 2 与 5 的幂次的最小值. 而

$$
\alpha_2(31) = \sum_{k=1}^{\infty}\left[\frac{31}{2^k}\right], \quad \alpha_5(31) = \sum_{k=1}^{\infty}\left[\frac{31}{5^k}\right],
$$

故 $\alpha_5(31) < \alpha_2(31)$. 只要计算 $\alpha_5(31)$. 由于

$$
\alpha_5(31) = \sum_{k=1}^{\infty}\left[\frac{31}{5^k}\right] = \left[\frac{31}{5}\right] + \left[\frac{31}{5^2}\right] = 7,
$$

故 31! 末尾 0 的个数为 7.

习 题 4.1

1. 求 20! 的标准分解式.

2. 求 105! 末尾 0 的个数.

3. 设 n 为正整数, 证明: $n!(n+1)! \mid (2n)!$.

4. 对于素数 p 及正整数 n, 用 $\alpha_p(n)$ 表示 $n!$ 的标准分解式中 p 的幂次, 用 $S_p(n)$ 表示 n 的 p 进制表示中数字之和, 证明: 对于任何正整数 n, 有

$$\alpha_p(n) = \frac{n - S_p(n)}{p-1}.$$

4.2 整变量求和

在数论中, 我们经常遇到如下形式的整变量求和

$$\sum_{a<n\leqslant b} f(n)g(n).$$

本节将介绍一个求和方法, 这在许多数论问题的研究中非常有用.

定理 4.2.1 设 $f(x)$, $g(x)$ 是区间 $(a,b]$ 上的函数, $f(x)$ 在 $(a,b]$ 上有连续的一阶导函数, 则

$$\sum_{a<n\leqslant b} f(n)g(n) = f(x)G(x)\Big|_a^b - \int_a^b G(x)f'(x)\mathrm{d}x,$$

其中

$$G(x) = \sum_{a<n\leqslant x} g(n).$$

证明 我们有

$$\begin{aligned}\sum_{a<n\leqslant b} f(n)g(n) &= \sum_{a<n\leqslant b} (f(n)-f(b))g(n) + f(b)G(b)\\ &= -\sum_{a<n\leqslant b}\int_n^b f'(x)g(n)\mathrm{d}x + f(b)G(b).\end{aligned}$$

现在定义一个辅助函数 $\delta_n(x)$. 当 $x \geqslant n$ 时, $\delta_n(x)=1$; 当 $x<n$ 时, $\delta_n(x)=0$. 这样

$$\sum_{a<n\leqslant b} f(n)g(n) = -\sum_{a<n\leqslant b}\int_a^b f'(x)\delta_n(x)g(n)\mathrm{d}x + f(b)G(b)$$

$$
\begin{aligned}
&= -\int_a^b f'(x) \sum_{a<n\leqslant b} \delta_n(x)g(n)\mathrm{d}x + f(b)G(b) \\
&= -\int_a^b f'(x) \sum_{a<n\leqslant x} g(n)\mathrm{d}x + f(b)G(b) \\
&= -\int_a^b G(x)f'(x)\mathrm{d}x + f(x)G(x)\Big|_a^b,
\end{aligned}
$$

这里最后一步用到 $G(a)=0$.

定理 4.2.1 得证.

推论 4.2.1 设 $f(x)$, $g(x)$ 是区间 $(a,b]$ 上的函数, $f(x)$ 在 $(a,b]$ 上有连续的一阶导函数, $a_0 \leqslant a$, 则

$$
\sum_{a<n\leqslant b} f(n)g(n) = f(x)G_0(x)\Big|_a^b - \int_a^b G_0(x)f'(x)\mathrm{d}x,
$$

其中

$$
G_0(x) = \sum_{a_0<n\leqslant x} g(n).
$$

证明 由 $G_0(x)=G(x)+G_0(a)$ 知

$$
\begin{aligned}
& f(x)G_0(x)\Big|_a^b - \int_a^b G_0(x)f'(x)\mathrm{d}x \\
&= f(x)(G(x)+G_0(a))\Big|_a^b - \int_a^b (G(x)+G_0(a))f'(x)\mathrm{d}x \\
&= f(x)G(x)\Big|_a^b + f(x)G_0(a)\Big|_a^b - \int_a^b G(x)f'(x)\mathrm{d}x - \int_a^b G_0(a)f'(x)\mathrm{d}x \\
&= f(x)G(x)\Big|_a^b - \int_a^b G(x)f'(x)\mathrm{d}x \\
&= \sum_{a<n\leqslant b} f(n)g(n).
\end{aligned}
$$

推论 4.2.1 得证.

附注 为方便记忆, 通常将推论中的结论写成如下形式:

$$
\sum_{a<n\leqslant b} f(n)g(n) = \int_a^b f(x)\mathrm{d}G_0(x).
$$

例 1 证明: 对任何实数 $x>1$, 有

$$\sum_{1\leqslant n\leqslant x}\frac{1}{n}=\log x+\gamma+R(x),$$

其中 $\log x$ 表示 x 的自然对数值, γ 为常数,

$$|R(x)|<\frac{1}{x}.$$

证明 根据推论 4.2.1 得

$$\begin{aligned}\sum_{1\leqslant n\leqslant x}\frac{1}{n}&=1+\int_1^x\frac{1}{t}\mathrm{d}[t]\\&=1+\frac{[t]}{t}\Big|_1^x+\int_1^x\frac{[t]}{t^2}\mathrm{d}t\\&=\frac{[x]}{x}+\int_1^x\frac{t}{t^2}\mathrm{d}t-\int_1^x\frac{\{t\}}{t^2}\mathrm{d}t\\&=1-\frac{\{x\}}{x}+\log x-\int_1^\infty\frac{\{t\}}{t^2}\mathrm{d}t+\int_x^\infty\frac{\{t\}}{t^2}\mathrm{d}t.\end{aligned}$$

令

$$\gamma=1-\int_1^\infty\frac{\{t\}}{t^2}\mathrm{d}t,\quad R(x)=\int_x^\infty\frac{\{t\}}{t^2}\mathrm{d}t-\frac{\{x\}}{x}.$$

我们有

$$R(x)\leqslant\int_x^\infty\frac{\{t\}}{t^2}\mathrm{d}t<\int_x^\infty\frac{1}{t^2}\mathrm{d}t=\frac{1}{x},$$

$$R(x)>-\frac{\{x\}}{x}>-\frac{1}{x}.$$

这就证明了

$$|R(x)|<\frac{1}{x}.$$

附注 例 1 中的 γ 称为欧拉常数, 目前还不知道欧拉常数 γ 是否是无理数.

习 题 4.2

1. 证明: 对任何实数 $x>1$, 有

$$\sum_{1\leqslant n\leqslant x}\sqrt{n}=\frac{2}{3}x^{\frac{3}{2}}+R(x),$$

其中 $|R(x)| < \sqrt{x}$.

2. 证明: 对任何实数 $x > 1$, 有

$$\sum_{1 \leqslant n \leqslant x} \log n = x \log x + R(x),$$

其中 $|R(x)| < 2x$.

4.3　切比雪夫定理

我们用 $\pi(x)$ 表示不超过 x 的素数个数, 如 $\pi(1) = 0$, $\pi(2) = 1$, $\pi(3) = 2$, $\pi(4) = 2$, 等等. 由于素数有无穷多个, 故当 $x \to +\infty$ 时, $\pi(x) \to +\infty$.

本节将给出 $\pi(x)$ 的上下界.

定理 4.3.1 (切比雪夫定理)　对于实数 $x \geqslant 3$, 有

$$\frac{\log 2}{2} \frac{x}{\log x} < \pi(x) < (4 \log 2) \frac{x}{\log x}.$$

定理4.3.1

证明　对于正整数 n, 令

$$\frac{(2n)!}{(n!)^2} = \prod_{p \leqslant 2n} p^{\beta_p(n)},$$

这里 $\prod_{p \leqslant 2n}$ 表示过满足 $p \leqslant 2n$ 的所有素数 p 求积. 根据阶乘的标准分解式, 即定理 4.1.1, 我们有

$$\beta_p(n) = \alpha_p(2n) - 2\alpha_p(n) = \sum_{k=1}^{\infty} \left(\left[\frac{2n}{p^k} \right] - 2 \left[\frac{n}{p^k} \right] \right) = \sum_{k=1}^{\infty} \left[2 \left\{ \frac{n}{p^k} \right\} \right].$$

当 $p^k > 2n$ 时,

$$\left[2 \left\{ \frac{n}{p^k} \right\} \right] = \left[\frac{2n}{p^k} \right] = 0.$$

因此

$$\beta_p(n) = \sum_{k=1}^{\infty} \left[2 \left\{ \frac{n}{p^k} \right\} \right] \leqslant \sum_{1 \leqslant k \leqslant (\log 2n)/\log p} 1 \leqslant \frac{\log(2n)}{\log p}.$$

这样

$$p^{\beta_p(n)} \leqslant 2n.$$

从而

$$C_{2n}^{n}=\frac{(2n)!}{(n!)^2}=\prod_{p\leqslant 2n}p^{\beta_p(n)}\leqslant (2n)^{\pi(2n)}.$$

由于

$$2^{2n}=(1+1)^{2n}=2+\sum_{k=1}^{2n-1}C_{2n}^{k}\leqslant 2nC_{2n}^{n},$$

故

$$2^{2n}\leqslant 2nC_{2n}^{n}\leqslant (2n)^{\pi(2n)+1}.$$

这样

$$(2\log 2)n\leqslant (\pi(2n)+1)\log(2n).$$

设 $2n\leqslant x<2(n+1)$. 如果 $n\geqslant 2$, 那么

$$\begin{aligned}x\log 2&<(\log 2)2(n+1)\leqslant (\pi(2n)+1)\log(2n)+2\log 2\\&\leqslant (\pi(2n)+2)\log(2n)\leqslant 2\pi(2n)\log(2n)\leqslant 2\pi(x)\log x.\end{aligned}$$

如果 $n=1$, 那么由 $x\geqslant 3$ 知

$$x\log 2<4\log 2=2\pi(3)\log 2<2\pi(x)\log x.$$

无论何种情形, 都有

$$\pi(x)>\frac{\log 2}{2}\frac{x}{\log x}.$$

下面处理上界:

对于素数 p, $n<p\leqslant 2n$, 有 $p\mid (2n)!$, $p\nmid n!$. 因此

$$2^{2n}=(1+1)^{2n}=\sum_{k=0}^{2n}C_{2n}^{k}>C_{2n}^{n}=\frac{(2n)!}{(n!)^2}\geqslant\prod_{n<p\leqslant 2n}p\geqslant (n+1)^{\pi(2n)-\pi(n)}.$$

取对数, 得

$$(\pi(2n)-\pi(n))\log(n+1)<(2\log 2)n.$$

从而

$$\pi(2n)\log(2n+2)-\pi(n)\log(n+1)<\pi(2n)\log 2+(2\log 2)n\leqslant (3\log 2)n. \quad (4.3.1)$$

下面用数学归纳法证明: 对任何正整数 k, 总有

$$\pi(k)\log(k+1)<(4\log 2)k. \quad (4.3.2)$$

当 $1 \leqslant k \leqslant 6$ 时, (4.3.2) 成立. 假设 (4.3.2) 对 $k < m$ $(m \geqslant 7)$ 的所有正整数 k 成立. m 可以写成 $m = 2n$ 或 $m = 2n-1$. 由 (4.3.1) 及归纳假设知

$$\begin{aligned}\pi(m)\log(m+1) &< \pi(2n)\log(2n+2) < \pi(n)\log(n+1) + (3\log 2)n \\ &< (7\log 2)n \leqslant (4\log 2)(2n-1) \leqslant (4\log 2)m.\end{aligned}$$

由数学归纳法原理知, 对任何正整数 k, 总有 (4.3.2) 成立.

设 $k \leqslant x < k+1$, 由 (4.3.2) 得

$$\pi(x)\log x = \pi(k)\log x \leqslant \pi(k)\log(k+1) < (4\log 2)k \leqslant (4\log 2)x.$$

因此

$$\pi(x) < (4\log 2)\frac{x}{\log x}.$$

定理 4.3.1 得证.

附注 1896 年, J. Hadamard 和 C. J. de la Vallée Poussin 独立证明了素数定理:

$$\pi(x) \sim \frac{x}{\log x}, \quad x \to +\infty.$$

习 题 4.3

用 p_n 表示第 n 个素数, 即 $p_1 = 2$, $p_2 = 3$, $p_3 = 5, \cdots$, 证明: 对任何正整数 $n \geqslant 2$, 总有

$$c_1 n\log n \leqslant p_n \leqslant c_2 n\log n,$$

其中 c_1, c_2 是两个正的常数.

4.4 素数的倒数和

设函数 $f(x)$ 和 $g(x)$ 对适当大后的实数 x 有定义, $g(x) > 0$. 如果存在正常数 C, 使得 $|f(x)| \leqslant Cg(x)$ 对适当大后的实数 x 均成立, 那么记为 $f(x) = O(g(x))$. 本节中 p 总表示素数.

本节将证明如下结果.

定理 4.4.1 对于任何实数 $x \geqslant 2$, 有

$$\sum_{p\leqslant x}\frac{1}{p} = \log\log x + A + O\left(\frac{1}{\log x}\right),$$

这里 $\sum_{p\leqslant x}$ 表示过不超过 x 的素数求和, A 是一个常数.

先证明如下定理.

定理 4.4.2 对于任何实数 $x \geqslant 2$, 有

$$\sum_{p \leqslant x} \frac{\log p}{p} = \log x + O(1),$$

这里 $\sum_{p \leqslant x}$ 表示过不超过 x 的素数求和.

证明 对于正整数 n, 由定理 4.1.1 知

$$n! = \prod_{p \leqslant n} p^{\alpha_p(n)},$$

其中

$$\alpha_p(n) = \sum_{k=1}^{\infty} \left[\frac{n}{p^k}\right].$$

因此

$$\sum_{l=2}^{n} \log l = \log n! = \sum_{p \leqslant n} (\log p) \alpha_p(n) = \sum_{p \leqslant n} (\log p) \left[\frac{n}{p}\right] + \sum_{p \leqslant n} (\log p) \sum_{k=2}^{\infty} \left[\frac{n}{p^k}\right].$$

一方面,

$$\sum_{l=2}^{n} \log l = \int_1^n \log t \ \mathrm{d}[t] = [t] \log t \Big|_1^n - \int_1^n \frac{[t]}{t} \ \mathrm{d}t = n \log n + O(n).$$

另一方面, 由切比雪夫定理得

$$\begin{aligned} \sum_{p \leqslant n} (\log p) \left[\frac{n}{p}\right] &= \sum_{p \leqslant n} (\log p) \frac{n}{p} - \sum_{p \leqslant n} (\log p) \left\{\frac{n}{p}\right\} \\ &= n \sum_{p \leqslant n} \frac{\log p}{p} + O(\pi(n) \log n) \\ &= n \sum_{p \leqslant n} \frac{\log p}{p} + O(n). \end{aligned}$$

又

$$0 \leqslant \sum_{p \leqslant n} (\log p) \sum_{k=2}^{\infty} \left[\frac{n}{p^k}\right] \leqslant \sum_{p \leqslant n} (\log p) \sum_{k=2}^{\infty} \frac{n}{p^k}$$

$$= n\sum_{p\leqslant n}\frac{\log p}{p(p-1)} < n\sum_{m=2}^{\infty}\frac{\log m}{m(m-1)},$$

注意到

$$\sum_{m=2}^{\infty}\frac{\log m}{m(m-1)}$$

是收敛的, 我们有

$$\sum_{p\leqslant n}(\log p)\sum_{k=2}^{\infty}\left[\frac{n}{p^k}\right] = O(n).$$

综上, 我们有

$$n\log n = n\sum_{p\leqslant n}\frac{\log p}{p} + O(n).$$

因此

$$\sum_{p\leqslant n}\frac{\log p}{p} = \log n + O(1).$$

这样, 对于任何实数 $x \geqslant 2$, 有

$$\sum_{p\leqslant x}\frac{\log p}{p} = \sum_{p\leqslant [x]}\frac{\log p}{p} = \log[x] + O(1) = \log x + O(1).$$

定理 4.4.2 得证.

定理 4.4.1 的证明 令

$$f(t) = \frac{1}{\log t}, \quad g(t) = \begin{cases}\dfrac{\log t}{t}, & t \text{ 为素数},\\ 0, & \text{其他}.\end{cases}$$

不难看出

$$\sum_{2\leqslant n\leqslant x} f(n)g(n) = \sum_{p\leqslant x} f(p)g(p) = \sum_{p\leqslant x}\frac{1}{p},$$

$$G(t) = \sum_{2<n\leqslant t} g(n) = \sum_{2<p\leqslant t}\frac{\log p}{p}.$$

令 $C(t) = G(t) - \log t$, 由定理 4.4.2 得 $C(t) = O(1)$. 这样

$$\sum_{p\leqslant x}\frac{1}{p} = \frac{1}{2} + \sum_{2<n\leqslant x} f(n)g(n)$$

$$
\begin{aligned}
&= \frac{1}{2} + \int_2^x f(t)\mathrm{d}G(t) \\
&= \frac{1}{2} + f(t)G(t)\Big|_2^x + \int_2^x \frac{G(t)}{t(\log t)^2}\mathrm{d}t \\
&= \frac{1}{2} + f(x)G(x) + \int_2^x \frac{G(t)}{t(\log t)^2}\mathrm{d}t \\
&= \frac{1}{2} + \frac{1}{\log x}(\log x + C(x)) + \int_2^x \frac{\log t + C(t)}{t(\log t)^2}\mathrm{d}t \\
&= \frac{1}{2} + 1 + \frac{C(x)}{\log x} + \log\log x - \log\log 2 + \int_2^x \frac{C(t)}{t(\log t)^2}\mathrm{d}t \\
&= \log\log x + \frac{3}{2} - \log\log 2 + \int_2^\infty \frac{C(t)}{t(\log t)^2}\mathrm{d}t + \frac{C(x)}{\log x} - \int_x^\infty \frac{C(t)}{t(\log t)^2}\mathrm{d}t \\
&= \log\log x + A + O\left(\frac{1}{\log x}\right),
\end{aligned}
$$

这里

$$
A = \frac{3}{2} - \log\log 2 + \int_2^\infty \frac{C(t)}{t(\log t)^2}\mathrm{d}t.
$$

定理 4.4.1 得证.

习　题　4.4

1. 证明: 对于实数 $x \geqslant 2$, 有

$$
\sum_{x/2<p\leqslant x} \frac{1}{p} = O\left(\frac{1}{\log x}\right),
$$

这里 $\sum_{x/2<p\leqslant x}$ 表示过满足 $x/2 < p \leqslant x$ 的素数 p 求和.

2. 用 $S(x)$ 表示满足如下条件的正整数 n 所成的集合: $n \leqslant x$ 且 n 有一个素因数大于 $\sqrt{x}$. 证明: 对于实数 $x \geqslant 2$, 有

$$
|S(x)| = (\log 2)x + O\left(\frac{x}{\log x}\right).
$$

4.5　正整数的素因数个数

对于正整数 n, 用 $\omega(n)$ 表示 n 的不同素因数的个数, $\Omega(n)$ 表示 n 的所有素因数的个数. 如 $\omega(8) = 1$, $\Omega(8) = 3$, $\omega(12) = 2$, $\Omega(12) = 3$. 一般地, 若 n 的标准

分解式是

$$n = p_1^{\alpha_1} \cdots p_t^{\alpha_t},$$

其中 $p_1, \cdots, p_t$ 为互不相同的素数, $\alpha_1, \cdots, \alpha_t$ 为正整数, 则

$$\omega(n) = t, \quad \Omega(n) = \alpha_1 + \cdots + \alpha_t,$$

即

$$\omega(n) = \sum_{p|n} 1, \quad \Omega(n) = \sum_{p^i|n} 1,$$

其中 $\sum_{p|n}$ 表示过 n 的所有不同素因数 p 求和, $\sum_{p^i|n}$ 表示过 n 的所有素数方幂因数 p^i 求和. 我们有 $\omega(p^k) = 1, \Omega(p^k) = k$. 本节中 p, q 均表示素数.

本节中, 我们将证明如下有点出乎寻常的结果: 对几乎所有的正整数 n, $\omega(n)$ 与 $\Omega(n)$ 基本上与 $\log\log n$ 一样大 (具体意义见后面的定理). 为此, 我们先证明如下引理.

引理 4.5.1 对于实数 $x > 2$, 有

$$\sum_{n \leqslant x} \omega(n) = x \log\log x + Ax + O\left(\frac{x}{\log x}\right),$$

其中 A 是一个常数 (与定理 4.4.1 中 A 相同).

证明 由 $\omega(n)$ 的定义及定理 4.4.1 得

$$\begin{aligned}
\sum_{n \leqslant x} \omega(n) &= \sum_{n \leqslant x} \sum_{p|n} 1 = \sum_{p \leqslant x} \sum_{\substack{n \leqslant x \\ p|n}} 1 = \sum_{p \leqslant x} \left[\frac{x}{p}\right] \\
&= \sum_{p \leqslant x} \frac{x}{p} - \sum_{p \leqslant x} \left\{\frac{x}{p}\right\} \\
&= x\left(\log\log x + A + O\left(\frac{1}{\log x}\right)\right) - O(\pi(x)) \\
&= x \log\log x + Ax + O\left(\frac{x}{\log x}\right).
\end{aligned}$$

引理 4.5.1 得证.

引理 4.5.2 对于实数 $x > 2$, 有

$$\sum_{n \leqslant x} \omega(n)^2 \leqslant x(\log\log x)^2 + (2A+1)x \log\log x + O(x),$$

其中 A 是一个常数 (与定理 4.4.1 中 A 相同).

证明　由 $\omega(n)$ 的定义得

$$
\begin{aligned}
\sum_{n\leqslant x}\omega(n)^2 &= \sum_{n\leqslant x}\left(\sum_{p|n}1\right)\left(\sum_{q|n}1\right)\\
&= \sum_{n\leqslant x}\sum_{p|n,q|n}1\\
&= \sum_{p,q\leqslant x}\sum_{\substack{n\leqslant x\\ p|n,q|n}}1\\
&= \sum_{p,q\leqslant x,p\neq q}\left[\frac{x}{pq}\right]+\sum_{p\leqslant x}\left[\frac{x}{p}\right]\\
&\leqslant \sum_{p,q\leqslant x}\frac{x}{pq}+\sum_{p\leqslant x}\frac{x}{p}\\
&= x\left(\sum_{p\leqslant x}\frac{1}{p}\right)^2+x\sum_{p\leqslant x}\frac{1}{p}\\
&= x\left(\log\log x+A+O\left(\frac{1}{\log x}\right)\right)^2\\
&\quad +x\left(\log\log x+A+O\left(\frac{1}{\log x}\right)\right)\\
&= x(\log\log x)^2+(2A+1)x\log\log x+O(x).
\end{aligned}
$$

引理 4.5.2 得证.

由上可得哈代–拉马努金 (Hardy-Ramanujan) 定理.

定理 4.5.1 (哈代–拉马努金定理)　设 δ 为任给定的正实数, 则对几乎所有的正整数 n, 都有

$$|\omega(n)-\log\log n|<(\log\log n)^{\frac{1}{2}+\delta}.$$

也就是说, 当 $x\to+\infty$ 时,

$$\frac{1}{x}\ |\{n:n\leqslant x,\ |\omega(n)-\log\log n|<(\log\log n)^{\frac{1}{2}+\delta}\}|\to 1.$$

证明　由引理 4.5.1 及引理 4.5.2 得

$$\sum_{n\leqslant x}(\omega(n)-\log\log x)^2=\sum_{n\leqslant x}\omega(n)^2-2\log\log x\sum_{n\leqslant x}\omega(n)+[x](\log\log x)^2$$

$$\begin{aligned}&\leqslant x(\log\log x)^2+(2A+1)x\log\log x+O(x)\\&\quad-2\log\log x\left(x\log\log x+Ax+O\left(\frac{x}{\log x}\right)\right)\\&\quad+x(\log\log x)^2-\{x\}(\log\log x)^2\\&=x\log\log x+O(x).\end{aligned}$$

令

$$E(x)=\{n\leqslant x:|\omega(n)-\log\log x|\geqslant(\log\log x)^{\frac{1}{2}+\frac{1}{2}\delta}\},$$

则

$$\sum_{n\leqslant x}(\omega(n)-\log\log x)^2\geqslant|E(x)|(\log\log x)^{1+\delta}.$$

因此

$$|E(x)|\leqslant\frac{x}{(\log\log x)^{\delta}}+O\left(\frac{x}{(\log\log x)^{1+\delta}}\right).$$

令

$$D(x)=\{3\leqslant n\leqslant x:|\omega(n)-\log\log n|\geqslant(\log\log n)^{\frac{1}{2}+\delta}\}.$$

当 $\sqrt{x}<n\leqslant x,\ n\in D(x)$ 时,

$$\begin{aligned}|\omega(n)-\log\log x|&\geqslant|\omega(n)-\log\log n|-|\log\log n-\log\log x|\\&=|\omega(n)-\log\log n|-\log\log x+\log\log n\\&\geqslant|\omega(n)-\log\log n|-\log\log x+\log\log\sqrt{x}\\&=|\omega(n)-\log\log n|-\log 2\\&\geqslant(\log\log n)^{\frac{1}{2}+\delta}-\log 2\\&\geqslant(\log\log x)^{\frac{1}{2}+\frac{1}{2}\delta}.\end{aligned}$$

因此, 当 $\sqrt{x}<n\leqslant x,\ n\in D(x)$ 时, $n\in E(x)$. 所以

$$|D(x)|\leqslant\sqrt{x}+|E(x)|\leqslant\sqrt{x}+\frac{x}{(\log\log x)^{\delta}}+O\left(\frac{x}{(\log\log x)^{1+\delta}}\right).$$

这样

$$\lim_{x\to\infty}\frac{|D(x)|}{x}=0.$$

这就证明了, 对任给的 $\delta>0$, 对几乎所有的正整数 n, 都有

$$|\omega(n)-\log\log n|<(\log\log n)^{\frac{1}{2}+\delta}.$$

定理 4.5.1 得证.

由定理 4.5.1 的证明知, 下列结论成立.

定理 4.5.2　设 δ 为任给定的正实数, 则当 $x \to +\infty$ 时,

$$\frac{1}{x}\ |\{n : n \leqslant x,\ |\omega(n) - \log\log x| < (\log\log x)^{\frac{1}{2}+\delta}\}| \to 1.$$

下面处理 $\Omega(n)$.

引理 4.5.3　对于实数 $x > 2$, 有

$$\sum_{n \leqslant x} \Omega(n) = x\log\log x + O(x).$$

证明　由 $\Omega(n)$ 的定义及定理 4.4.1 得

$$\begin{aligned}
\sum_{n \leqslant x} \Omega(n) &= \sum_{n \leqslant x}\sum_{p^i | n} 1 \\
&= \sum_{p^i \leqslant x}\sum_{\substack{n \leqslant x \\ p^i | n}} 1 \\
&\leqslant \sum_{p^i \leqslant x} \frac{x}{p^i} \\
&\leqslant \sum_{p \leqslant x} \frac{x}{p} + \sum_{p}\sum_{i=2}^{\infty} \frac{x}{p^i} \\
&= x(\log\log x + O(1)) + x\sum_{p} \frac{1}{p(p-1)} \\
&= x\log\log x + O(x).
\end{aligned}$$

由引理 4.5.1 得

$$\sum_{n \leqslant x} \Omega(n) \geqslant \sum_{n \leqslant x} \omega(n) = x\log\log x + O(x).$$

所以

$$\sum_{n \leqslant x} \Omega(n) = x\log\log x + O(x).$$

引理 4.5.3 得证.

引理 4.5.4 对于实数 $x>2$, 有

$$\sum_{n\leqslant x}\Omega(n)^2\leqslant x(\log\log x)^2+O(x\log\log x).$$

证明 由 $\Omega(n)$ 的定义及定理 4.4.1 得

$$\begin{aligned}
\sum_{n\leqslant x}\Omega(n)^2&=\sum_{n\leqslant x}\left(\sum_{p^i|n}1\right)\left(\sum_{q^j|n}1\right)\\
&=\sum_{n\leqslant x}\sum_{p^i|n,q^j|n}1\\
&=\sum_{p^i,q^j\leqslant x}\sum_{\substack{n\leqslant x\\ p^i|n,q^j|n}}1\\
&\leqslant\sum_{p^i,q^j\leqslant x,p\neq q}\frac{x}{p^iq^j}+\sum_{p\leqslant x}\sum_{i=1}^{\infty}\sum_{j=1}^{\infty}\frac{x}{p^{\max\{i,j\}}}\\
&\leqslant x\left(\sum_{p^i\leqslant x}\frac{1}{p^i}\right)^2+x\sum_{p\leqslant x}\sum_{k=1}^{\infty}\frac{1}{p^k}\sum_{\max\{i,j\}=k}1\\
&\leqslant x\left(\sum_{p\leqslant x}\frac{1}{p}+\sum_{p}\sum_{i=2}^{\infty}\frac{1}{p^i}\right)^2+x\sum_{p\leqslant x}\sum_{k=1}^{\infty}\frac{2k-1}{p^k}\\
&\leqslant x\left(\log\log x+O(1)\right)^2+x\sum_{p\leqslant x}\frac{1}{p}+x\sum_{p}\sum_{k=2}^{\infty}\frac{2k-1}{p^k}\\
&\leqslant x\left(\log\log x+O(1)\right)^2+x\sum_{p\leqslant x}\frac{1}{p}+x\sum_{p}\frac{1}{p^2}\sum_{k=2}^{\infty}\frac{2k-1}{2^{k-2}}\\
&=x(\log\log x)^2+O(x\log\log x).
\end{aligned}$$

引理 4.5.4 得证.

定理 4.5.3 (哈代–拉马努金定理) 设 δ 为任给定的正实数, 则对几乎所有的正整数 n, 都有

$$|\Omega(n)-\log\log n|<(\log\log n)^{\frac{1}{2}+\delta}.$$

也就是说, 当 $x\to+\infty$ 时,

$$\frac{1}{x}\left|\{n:n\leqslant x,\ |\Omega(n)-\log\log n|<(\log\log n)^{\frac{1}{2}+\delta}\}\right|\to 1.$$

证明 由引理 4.5.3 及引理 4.5.4 得

$$\begin{aligned}\sum_{n\leqslant x}(\Omega(n)-\log\log x)^2&=\sum_{n\leqslant x}\Omega(n)^2-2\log\log x\sum_{n\leqslant x}\Omega(n)+[x](\log\log x)^2\\&\leqslant x(\log\log x)^2+O(x\log\log x)\\&\quad-2\log\log x(x\log\log x+O(x))\\&\quad+x(\log\log x)^2-\{x\}(\log\log x)^2\\&=O(x\log\log x).\end{aligned}$$

令

$$E'(x)=\{n\leqslant x:|\Omega(n)-\log\log x|\geqslant(\log\log x)^{\frac12+\frac12\delta}\},$$

则

$$\sum_{n\leqslant x}(\Omega(n)-\log\log x)^2\geqslant|E'(x)|(\log\log x)^{1+\delta}.$$

因此, 对充分大的 x, 有

$$|E'(x)|\leqslant\frac{x}{(\log\log x)^{\frac12\delta}}.$$

令

$$D'(x)=\{3\leqslant n\leqslant x:|\Omega(n)-\log\log n|\geqslant(\log\log n)^{\frac12+\delta}\}.$$

当 $\sqrt{x}<n\leqslant x,\ n\in D'(x)$ 时,

$$\begin{aligned}|\Omega(n)-\log\log x|&\geqslant|\Omega(n)-\log\log n|-|\log\log n-\log\log x|\\&=|\Omega(n)-\log\log n|-\log\log x+\log\log n\\&\geqslant|\Omega(n)-\log\log n|-\log\log x+\log\log\sqrt{x}\\&=|\Omega(n)-\log\log n|-\log 2\\&\geqslant(\log\log n)^{\frac12+\delta}-\log 2\\&\geqslant(\log\log x)^{\frac12+\frac12\delta}\end{aligned}$$

对充分大的 x 成立. 因此, 当 $\sqrt{x}<n\leqslant x,\ n\in D'(x)$ 时, $n\in E'(x)$. 所以

$$|D'(x)|\leqslant\sqrt{x}+|E'(x)|\leqslant\sqrt{x}+\frac{x}{(\log\log x)^{\frac12\delta}}.$$

这样

$$\lim_{x\to\infty}\frac{|D'(x)|}{x}=0.$$

这就证明了, 对任给的 $\delta > 0$, 对几乎所有的正整数 n, 都有

$$|\Omega(n) - \log\log n| < (\log\log n)^{\frac{1}{2}+\delta}.$$

定理 4.5.3 得证.

由定理 4.5.3 的证明知, 下列结论成立.

定理 4.5.4 设 δ 为任给定的正实数, 则当 $x \to +\infty$ 时,

$$\frac{1}{x}\left|\{n : n \leqslant x,\ |\Omega(n) - \log\log x| < (\log\log x)^{\frac{1}{2}+\delta}\}\right| \to 1.$$

附注 定理 4.5.1 与定理 4.5.3 首先由哈代和拉马努金在 1917 年证明, 1934 年, Turán 给出了一个简化证明. 这里的证明主要参考了 Turán 的证明.

习 题 4.5

1. 用 A 表示满足 $\Omega(n) > 2\log\log n$ 的所有正整数 n 所成的集合. 证明:

(i) A 为无限集;

(ii) A 的渐近密度为 0, 即

$$\lim_{x\to+\infty}\frac{A(x)}{x} = 0,$$

其中 $A(x)$ 表示 A 中不超过 x 的数的个数.

2. 证明: 存在正常数 c, 对于任何实数 $x \geqslant 4$, 在不超过 x 的正整数 n 中, 满足 $\Omega(n) \neq \omega(n)$ 的正整数 n 的个数至少为 cx.

4.6 Bertrand 假设

本节将证明如下著名结果.

定理 4.6.1 (Bertrand 假设) 对任何实数 $x > 1$, 总存在素数 p, 使得 $x < p < 2x$.

我们先证明关于素数分布的一个结果.

引理 4.6.1 对任何实数 $x \geqslant 2$, 有

$$\prod_{p\leqslant x} p \leqslant 2^{2x-3},$$

这里 $\prod$ 表示过所有满足 $p \leqslant x$ 的素数 p 求积.

证明 只要证明: 对任何整数 $n \geqslant 2$, 有

$$\prod_{p \leqslant n} p \leqslant 2^{2n-3}.$$

对 n 用归纳法, 当 $n<5$ 时, 直接验证知结论成立. 下设 $n \geqslant 5$.

假设结论对于小于 m $(m \geqslant 5)$ 的所有正整数成立. 若 m 是偶数, 则

$$\prod_{p \leqslant m} p=\prod_{p \leqslant m-1} p \leqslant 2^{2m-5}<2^{2m-3}.$$

下设 m 为奇数, $m=2k+1$, 则

$$\begin{aligned}
\prod_{p \leqslant m} p &= \left(\prod_{p \leqslant k+1} p\right) \cdot \left(\prod_{k+2 \leqslant p \leqslant 2k+1} p\right) \\
&\leqslant 2^{2k-1} \prod_{k+2 \leqslant p \leqslant 2k+1} p \\
&\leqslant 2^{2k-1} \frac{(2k+1)!}{k!(k+1)!} \\
&= 2^{2k-1} \cdot \frac{1}{2}\left(\mathrm{C}_{2k+1}^{k}+\mathrm{C}_{2k+1}^{k+1}\right) \\
&\leqslant 2^{2k-1} \cdot \frac{1}{2} \cdot 2^{2k+1} \\
&= 2^{4k-1}=2^{2m-3}.
\end{aligned}$$

由数学归纳法原理知, 对任何整数 $n \geqslant 2$, 有

$$\prod_{p \leqslant n} p \leqslant 2^{2n-3}.$$

引理 4.6.1 得证.

定理 4.6.1 的证明 只要证明: 对任何整数 $n>1$, 总存在素数 p, 使得 $n<p<2n$.

事实上, 对于实数 $1<x<2$, 有 $x<2<2x$. 对于实数 $x \geqslant 2$, 存在整数 $n \geqslant 2$, 使得 $n \leqslant x<n+1$. 假设 p 为素数, $n<p<2n$, 则 $x<n+1 \leqslant p<2n \leqslant 2x$.

由于 $2<3<4$, $n<5<2n$ $(n=3,4)$, $n<7<2n$ $(n=5,6)$, $n<13<2n$ $(7 \leqslant n \leqslant 12)$, $n<23<2n$ $(13 \leqslant n \leqslant 22)$, $n<43<2n$ $(23 \leqslant n \leqslant 42)$, $n<83<2n$ $(43 \leqslant n \leqslant 82)$, 故我们只要考虑 $n \geqslant 83$.

用反证法. 假设存在整数 $n>1$, 对于这个 n, 不存在素数 p, 使得 $n<p<2n$, 则 $n\geqslant 83$.

由于在 n 与 $2n$ 之间没有素数, 故可设

$$\frac{(2n)!}{(n!)^2}=\prod_{p\leqslant n}p^{\beta_p(n)}.$$

根据阶乘的标准分解式, 即定理 4.1.1, 我们有

$$\beta_p(n)=\alpha_p(2n)-2\alpha_p(n)=\sum_{k=1}^{\infty}\left(\left[\frac{2n}{p^k}\right]-2\left[\frac{n}{p^k}\right]\right)=\sum_{k=1}^{\infty}\left[2\left\{\frac{n}{p^k}\right\}\right].$$

如果 $p>\sqrt{2n}$, $k\geqslant 2$, 那么

$$\left[2\left\{\frac{n}{p^k}\right\}\right]=\left[\frac{2n}{p^k}\right]=0.$$

因此, 当 $p>\sqrt{2n}$ 时,

$$\beta_p(n)=\left[2\left\{\frac{n}{p}\right\}\right]\leqslant 1.$$

当 $2n/3<p\leqslant n$ 时, $1\leqslant n/p<3/2$. 此时

$$\left\{\frac{n}{p}\right\}<\frac{1}{2}.$$

由 $n\geqslant 83$ 知, $2n/3>\sqrt{2n}$. 因此, 当 $2n/3<p\leqslant n$ 时,

$$\beta_p(n)=\left[2\left\{\frac{n}{p}\right\}\right]=0.$$

所以

$$\frac{(2n)!}{(n!)^2}=\prod_{p\leqslant n}p^{\beta_p(n)}\leqslant\prod_{p\leqslant\sqrt{2n}}p^{\beta_p(n)}\cdot\prod_{\sqrt{2n}<p\leqslant 2n/3}p.$$

当 $p^k>2n$ 时,

$$\left[2\left\{\frac{n}{p^k}\right\}\right]=\left[\frac{2n}{p^k}\right]=0.$$

因此

$$\beta_p(n)=\sum_{k=1}^{\infty}\left[2\left\{\frac{n}{p^k}\right\}\right]\leqslant\sum_{1\leqslant k\leqslant(\log 2n)/\log p}1\leqslant\frac{\log(2n)}{\log p}.$$

这样

$$p^{\beta_p(n)-1} \leqslant \frac{2n}{p} \leqslant n.$$

根据引理 4.6.1, $n \geqslant 83$ 及上面的讨论, 有

$$\begin{aligned}\frac{(2n)!}{(n!)^2} &\leqslant \prod_{p\leqslant\sqrt{2n}} p^{\beta_p(n)} \cdot \prod_{\sqrt{2n}<p\leqslant 2n/3} p\\ &= \prod_{p\leqslant\sqrt{2n}} p^{\beta_p(n)-1} \cdot \prod_{p\leqslant 2n/3} p\\ &\leqslant n^{\pi(\sqrt{2n})}2^{\frac{4}{3}n-3}.\end{aligned}$$

注意到

$$\mathrm{C}_{2n}^1 = \mathrm{C}_{2n}^{2n-1} < \mathrm{C}_{2n}^2 = \mathrm{C}_{2n}^{2n-2} < \cdots < \mathrm{C}_{2n}^n,$$

有

$$2^{2n} = (1+1)^{2n} = 2 + \sum_{k=1}^{2n-1} \mathrm{C}_{2n}^k \leqslant 2n\mathrm{C}_{2n}^n = 2n\frac{(2n)!}{(n!)^2}.$$

因此

$$\frac{2^{2n}}{2n} \leqslant \frac{(2n)!}{(n!)^2} \leqslant n^{\pi(\sqrt{2n})}2^{\frac{4}{3}n-3}.$$

由此得

$$2^{\frac{2}{3}n} < n^{\pi(\sqrt{2n})+1}.$$

取自然对数, 得

$$\left(\frac{2}{3}\log 2\right)n < (\pi(\sqrt{2n})+1)\log n.$$

由 $n \geqslant 83$ 知, $\pi(\sqrt{2n}) \geqslant \pi(12) = 5$. 由切比雪夫定理得

$$\pi(\sqrt{2n}) + 1 \leqslant \frac{6}{5}\pi(\sqrt{2n}) < \frac{6}{5}(4\log 2)\frac{\sqrt{2n}}{\log\sqrt{2n}} < 10(\log 2)\frac{\sqrt{2n}}{\log 2n}.$$

因此

$$\left(\frac{2}{3}\log 2\right)n < 10(\log 2)\frac{\sqrt{2n}}{\log 2n}\log n < 10(\log 2)\sqrt{2n}.$$

由此得 $\sqrt{2n} < 30$. 这样, $\pi(\sqrt{2n}) \leqslant \pi(30) = 10$. 从而

$$\left(\frac{2}{3}\log 2\right)n < (\pi(\sqrt{2n})+1)\log n \leqslant 11\log n.$$

由于

$$\left(\frac{2}{3}\log 2\right)\cdot 2^7 > 80\log 2 > 11\log 2^7$$

及当 $x \geqslant 2^7$ 时, 函数

$$\left(\frac{2}{3}\log 2\right)x - 11\log x$$

是递增的, 故当 $x \geqslant 2^7$ 时,

$$\left(\frac{2}{3}\log 2\right)x - 11\log x > 0.$$

因此, $n < 2^7$. 这样, $\pi(\sqrt{2n}) \leqslant \pi(16) = 6$. 从而

$$\left(\frac{2}{3}\log 2\right)n < (\pi(\sqrt{2n}) + 1)\log n \leqslant 7\log n.$$

由于

$$\left(\frac{2}{3}\log 2\right)\cdot 2^6 > 7\log 2^6$$

及当 $x \geqslant 2^6$ 时, 函数

$$\left(\frac{2}{3}\log 2\right)x - 7\log x$$

是递增的, 故当 $x \geqslant 2^6$ 时,

$$\left(\frac{2}{3}\log 2\right)x - 7\log x > 0.$$

因此, $n < 2^6$, 与 $n \geqslant 83$ 矛盾.

定理 4.6.1 得证.

附注 定理 4.6.1 由 Bertrand 作为假设于 1845 年提出, 1850 年, 切比雪夫证明了 Bertrand 假设. 1919 年, 拉马努金给出了 Bertrand 假设的一个初等证明. 埃尔德什 (Erdős) 于 1932 年给出了 Bertrand 假设的一个简化证明.

习 题 4.6

1. 用 p_i 表示第 i 个素数, 证明:

(i) $p_{n+1} < 2p_n$, $n = 1, 2, \cdots$;

(ii) $p_{n+1}^2 < p_n p_{n-1} p_{n-2}$, $n = 5, 6, \cdots$.

2. 设 n 为大于 1 的整数, $n_1, \cdots, n_k$ 为小于 $n/2$ 的正整数, 证明: $n_1! \cdots n_k!$ 一定不是 $n!$ 的倍数.

第 4 章总习题

1. 证明: 存在正常数 c 及无穷多个正整数 n, 使得区间 $(n, n+c\log n)$ 内总不包含素数.

2. 令 $\theta(x)=\sum\limits_{p\leqslant x}\log p$, 这里求和表示过不超过 x 的素数 p 求和, 证明: 存在正常数 c_1, c_2, 使得 $c_1x\leqslant\theta(x)\leqslant c_2x$ 对所有实数 $x\geqslant 2$ 成立.

3. 设 n 为大于 2 的整数, $n_1,\cdots,n_k$ 为不超过 n 的正整数, 证明: $\varphi(n_1)\cdots\varphi(n_k)$ 一定不是 $n!$ 的倍数.

4. 证明: 存在正常数 c, 对于任何实数 $x\geqslant 2$, 在不超过 x 的正整数 n 中, 满足 $\Omega(n)=\omega(n)$ 的正整数 n 的个数至少为 cx.

第 5 章　实数的有理逼近

CHAPTER

用分母尽可能小的有理数来近似逼近实数, 在近似计算及理论研究方面都非常重要. 本章将介绍用有理数来逼近实数的有关结果, 特别地, 介绍法里 (Farey) 数列、代数数的有理逼近与刘维尔 (Liouville) 定理及简单连分数.

5.1　法里数列

对于正整数 n, 将区间 $[0,1]$ 内的分母不超过 n 的既约有理数从小到大排成一列:

$$\frac{b_0}{a_0} < \frac{b_1}{a_1} < \cdots < \frac{b_{t_n}}{a_{t_n}},$$

其中 $b_0 = 0,\ a_0 = 1,\ b_{t_n} = a_{t_n} = 1$. 我们称上述这一列数为第 n 个法里数列. 用 $\mathcal{F}_n$ 表示第 n 个法里数列. 例如前 5 个法里序列如下.

第 1 个法里数列:

$$\frac{0}{1},\quad \frac{1}{1}.$$

第 2 个法里数列:

$$\frac{0}{1},\quad \frac{1}{2},\quad \frac{1}{1}.$$

第 3 个法里数列:

$$\frac{0}{1},\quad \frac{1}{3},\quad \frac{1}{2},\quad \frac{2}{3},\quad \frac{1}{1}.$$

第 4 个法里数列:

$$\frac{0}{1},\quad \frac{1}{4},\quad \frac{1}{3},\quad \frac{1}{2},\quad \frac{2}{3},\quad \frac{3}{4},\quad \frac{1}{1}.$$

第 5 个法里数列:

$$\frac{0}{1},\quad \frac{1}{5},\quad \frac{1}{4},\quad \frac{1}{3},\quad \frac{2}{5},\quad \frac{1}{2},\quad \frac{3}{5},\quad \frac{2}{3},\quad \frac{3}{4},\quad \frac{4}{5},\quad \frac{1}{1}.$$

请仔细观察上述法里数列, 看看有什么规律?

定理 5.1.1 (1) 对于 $n \geqslant 2$, 法里数列 $\mathcal{F}_n$ 是由法里数列 $\mathcal{F}_{n-1}$ 按如下方式添加数得到: 对于 $\mathcal{F}_{n-1}$ 中相邻两项 b/a 和 d/c, 如果 $a+c=n$, 那么在 b/a 和 d/c 间插入

$$\frac{b+d}{a+c}.$$

(2) 如果 b/a 和 d/c 为 $\mathcal{F}_n$ 中相连两项, 那么 $ad-bc=1$, 即

$$\frac{d}{c}-\frac{b}{a}=\frac{1}{ac}.$$

证明 对 n 用归纳法证明 (1) 和 (2). 当 $n=1$ 时, (2) 成立. 直接验证知: 当 $n=2$ 时, (1) 和 (2) 成立. 假设结论对小于 m 的 n 成立 ($m \geqslant 3$). 下面考虑 $n=m$ 时的情形. 由定义知, $\mathcal{F}_m$ 是由 $\mathcal{F}_{m-1}$ 添加 $(0,1)$ 中分母为 m 的所有既约分数得到.

设 b/a 和 d/c 是 $\mathcal{F}_{m-1}$ 中的相连两项. 由归纳假设有 $ad-bc=1$. 由

$$\frac{b}{a}<\frac{b+d}{a+c}<\frac{d}{c}$$

知

$$\frac{b+d}{a+c} \notin \mathcal{F}_{m-1}.$$

因此, $a+c \geqslant m$. 若 $a+c=m$, 则

$$\frac{b+d}{a+c} \in \mathcal{F}_m.$$

反过来, 若 b/a 和 d/c 之间含 $\mathcal{F}_m$ 的项 h/k, 则 $k=m$, $ah-bk \geqslant 1$, $dk-ch \geqslant 1$. 这样

$$\begin{aligned}
\frac{1}{ac} &= \frac{ad-bc}{ac}=\frac{d}{c}-\frac{b}{a} \\
&= \frac{d}{c}-\frac{h}{k}+\frac{h}{k}-\frac{b}{a} \\
&= \frac{dk-ch}{ck}+\frac{ah-bk}{ak} \\
&\geqslant \frac{1}{ck}+\frac{1}{ak}=\frac{a+c}{kac}.
\end{aligned} \tag{5.1.1}$$

从而

$$m=k \geqslant a+c \geqslant m.$$

所以, $m=k=a+c$. 再由 (5.1.1) 首尾相等得到 $ah-bk=1$, $dk-ch=1$. 这样

$$ah=bk+1=b(a+c)+1=ba+bc+ad-bc=a(b+d).$$

由此得到 $h=b+d$.

综上, 对于 $\mathcal{F}_{m-1}$ 中相邻两项 b/a 和 d/c, 如果 $a+c=m$, 那么

$$\frac{b+d}{a+c}\in\mathcal{F}_m.$$

如果 b/a 和 d/c 之间含 $\mathcal{F}_m$ 的项 h/k, 那么 $a+c=m$, 并且

$$\frac{h}{k}=\frac{b+d}{a+c},\quad ah-bk=1,\quad dk-ch=1.$$

这就证明了: 定理的结论对 $n=m$ 成立.

由归纳法原理知, 定理 5.1.1 成立.

推论 5.1.1 对于实无理数 α, 总存在无穷多个既约分数 p/q, 使得

$$\left|\alpha-\frac{p}{q}\right|<\frac{1}{q^2}. \tag{5.1.2}$$

证明 设 α 的小数部分为 β, $\alpha=k+\beta$, 则 β 是正的实无理数. 对于任给的正整数 n, 存在 $\mathcal{F}_n$ 中相邻两项 b_n/a_n 和 d_n/c_n, 使得

$$\frac{b_n}{a_n}<\beta<\frac{d_n}{c_n}.$$

设

$$\frac{p_n}{q_n}=\frac{b_n}{a_n}\text{ 或 }\frac{d_n}{c_n},$$

使得 $q_n=\min\{a_n,c_n\}$. 由定理 5.1.1 得

$$\left|\beta-\frac{p_n}{q_n}\right|<\frac{d_n}{c_n}-\frac{b_n}{a_n}=\frac{1}{a_nc_n}\leqslant\frac{1}{q_n^2}.$$

这样

$$\left|\alpha-\frac{kq_n+p_n}{q_n}\right|<\frac{1}{q_n^2},$$

且 $(kq_n+p_n,q_n)=(p_n,q_n)=1$. 由于将

$$\frac{0}{n},\frac{1}{n},\cdots,\frac{n}{n}$$

写成最简分数后均为 $\mathcal{F}_n$ 中的项, 故 $\mathcal{F}_n$ 中相连两项的差不超过 $1/n$. 由此得

$$\left|\beta - \frac{p_n}{q_n}\right| < \frac{d_n}{c_n} - \frac{b_n}{a_n} \leqslant \frac{1}{n}.$$

从而, 当 $n \to +\infty$ 时,

$$\left|\beta - \frac{p_n}{q_n}\right| \to 0.$$

又 β 为无理数, 故当 $n \to +\infty$ 时, $q_n \to +\infty$. 所以, 存在无穷多个既约分数 p/q, 使得 (5.1.2) 成立.

推论 5.1.1 得证.

习 题 5.1

1. 写出第 7 个法里数列 $\mathcal{F}_7$.

2. 对于整数 $n \geqslant 2$, 证明: 第 n 个法里数列 $\mathcal{F}_n$ 比第 $n-1$ 个法里数列 $\mathcal{F}_{n-1}$ 恰好多 $\varphi(n)$ 个数, 其中 $\varphi(n)$ 为 n 的欧拉函数值. 由此证明:

$$|\mathcal{F}_n| = 1 + \sum_{1 \leqslant k \leqslant n} \varphi(k).$$

5.2 代数数的有理逼近与刘维尔定理

如果一个数是整系数多项式的根, 那么称这个数是代数数. 如 $\sqrt{2}$ 是代数数, 它是多项式 $x^2 - 2$ 的根; 虚数单位 i 是代数数, 它是多项式 $x^2 + 1$ 的根; 所有有理数都是代数数. 设 α 是一个代数数, 它是整系数多项式 $f(x)$ 的根, 在有理数域上, $f(x)$ 可以分解成不可约多项式 (可以相同) 的乘积

$$f(x) = f_1(x) \cdots f_t(x),$$

则

$$f_1(\alpha) \cdots f_t(\alpha) = f(\alpha) = 0.$$

从而存在 $1 \leqslant k \leqslant t$, 使得 $f_k(\alpha) = 0$. 将 $f_k(x)$ 乘上适当的有理数, 变成整系数不可约多项式 $g_k(x)$, 我们也有 $g_k(\alpha) = 0$. 这就证明了: 每个代数数都是整系数不可约多项式的根. 对应的不可约多项式的次数就称为这个代数数的次数. 如 $\sqrt{2}$ 是 2 次代数数, $x^5 - 2$ 的根是 5 次代数数.

先证明如下刘维尔定理.

定理 5.2.1(刘维尔定理) 设 α 是一个实的 n 次代数数 $(n \geqslant 2)$, 则存在正常数 $C = C(\alpha)$, 对任何有理数 p/q, 其中 p, q 为整数, $q > 0$, $(p,q) = 1$, 总有

$$\left|\alpha - \frac{p}{q}\right| \geqslant \frac{C}{q^n}.$$

证明 如果

$$\left|\alpha - \frac{p}{q}\right| > \frac{1}{q^n},$$

那么结论成立. 下设

$$\left|\alpha - \frac{p}{q}\right| \leqslant \frac{1}{q^n}.$$

由此得

$$\left|\frac{p}{q}\right| \leqslant |\alpha| + \frac{1}{q^n} \leqslant |\alpha| + 1. \tag{5.2.1}$$

设

$$f(x) = a_n x^n + a_{n-1}x^{n-1} + \cdots + a_1 x + a_0$$

是整系数多项式, 在有理数域上不可约, $f(\alpha) = 0$. 一方面, 由于 $f(x)$ 是有理数域上不可约多项式, $n \geqslant 2$, 故

$$f\left(\frac{p}{q}\right) \neq 0.$$

又

$$f\left(\frac{p}{q}\right) = \frac{1}{q^n}(a_n p^n + a_{n-1}p^{n-1}q + \cdots + a_1 p q^{n-1} + a_0 q^n),$$

故 $a_n p^n + a_{n-1}p^{n-1}q + \cdots + a_1 p q^{n-1} + a_0 q^n$ 是非零整数. 因此

$$\left|f\left(\frac{p}{q}\right)\right| \geqslant \frac{1}{q^n}. \tag{5.2.2}$$

另一方面,

$$\begin{aligned}
\left|f\left(\frac{p}{q}\right)\right| &= \left|f(\alpha) - f\left(\frac{p}{q}\right)\right| \\
&= \left|a_n\left(\alpha^n - \left(\frac{p}{q}\right)^n\right) + \cdots + a_1\left(\alpha - \frac{p}{q}\right)\right| \\
&\leqslant |a_n|\left|\alpha^n - \left(\frac{p}{q}\right)^n\right| + \cdots + |a_1|\left|\alpha - \frac{p}{q}\right|.
\end{aligned}$$

对于整数 $2 \leqslant k \leqslant n$, 由 (5.2.1) 得

$$\begin{aligned}
&\left|\alpha^k - \left(\frac{p}{q}\right)^k\right| \\
&= \left|\alpha - \frac{p}{q}\right| \cdot \left|\alpha^{k-1} + \alpha^{k-2}\left(\frac{p}{q}\right) + \cdots + \alpha\left(\frac{p}{q}\right)^{k-2} + \left(\frac{p}{q}\right)^{k-1}\right| \\
&\leqslant \left|\alpha - \frac{p}{q}\right| (|\alpha|^{k-1} + |\alpha|^{k-2}(|\alpha|+1) + \cdots + |\alpha|(|\alpha|+1)^{k-2} + (|\alpha|+1)^{k-1}) \\
&\leqslant \left|\alpha - \frac{p}{q}\right| k(|\alpha|+1)^{k-1} \\
&\leqslant \left|\alpha - \frac{p}{q}\right| n(|\alpha|+1)^{n-1}.
\end{aligned}$$

所以

$$\begin{aligned}
\left|f\left(\frac{p}{q}\right)\right| &\leqslant |a_n|\left|\alpha^n - \left(\frac{p}{q}\right)^n\right| + \cdots + |a_1|\left|\alpha - \frac{p}{q}\right| \\
&\leqslant D\left|\alpha - \frac{p}{q}\right|,
\end{aligned} \tag{5.2.3}$$

其中

$$D = (|a_n| + |a_{n-1}| + \cdots + |a_2| + |a_1|)n(|\alpha|+1)^{n-1}.$$

由 (5.2.2) 和 (5.2.3) 得

$$\frac{1}{q^n} \leqslant \left|f\left(\frac{p}{q}\right)\right| \leqslant D\left|\alpha - \frac{p}{q}\right|.$$

所以

$$\left|\alpha - \frac{p}{q}\right| \geqslant \frac{D^{-1}}{q^n}.$$

刘维尔定理得证.

附注 如果 α 是 1 次代数数, 即 α 为有理数, 设

$$\alpha = \frac{b}{a}, \quad (a,b) = 1, \quad a \geqslant 1,$$

那么对任何不等于 α 的有理数 p/q, 其中 p, q 为整数, $q > 0$, $(p,q) = 1$, 总有

$$\left|\alpha - \frac{p}{q}\right| = \frac{|bq - ap|}{aq} \geqslant \frac{1}{aq} = \frac{C}{q},$$

其中 $C = a^{-1}$.

不是代数数的数称为超越数.

一个基本问题: 是否存在超越数? 如果有, 给一个具体的例子. 本节试图给出一些超越数.

例 1 令

$$\alpha = \sum_{k=1}^{\infty} \frac{1}{10^{k!}},$$

$$q_m = 10^{m!}, \quad p_m = q_m \sum_{k=1}^{m} \frac{1}{10^{k!}},$$

则

$$\begin{aligned}
\alpha - \frac{p_m}{q_m} &= \sum_{k=m+1}^{\infty} \frac{1}{10^{k!}} \\
&= \frac{1}{10^{(m+1)!}} \sum_{k=m+1}^{\infty} \frac{1}{10^{k!-(m+1)!}} \\
&\leqslant \frac{1}{10^{(m+1)!}} \sum_{k=m+1}^{\infty} \frac{1}{10^{m!k-(m+1)!}} \\
&\leqslant \frac{1}{10^{(m+1)!}} \sum_{k=m+1}^{\infty} \frac{1}{2^{k-(m+1)}} \\
&= \frac{2}{10^{(m+1)!}} \\
&= \frac{2}{q_m^{m+1}}.
\end{aligned}$$

假设 α 是代数数, 设它的次数为 n, 由刘维尔定理及其附注知, 存在正常数 C, 对任何不等于 α 的有理数 p/q, 其中 p, q 为整数, $q > 0, (p, q) = 1$, 总有

$$\left|\alpha - \frac{p}{q}\right| \geqslant \frac{C}{q^n}.$$

特别地, 对任何正整数 m, 有

$$\alpha - \frac{p_m}{q_m} \geqslant \frac{C}{q_m^n}.$$

根据以上讨论得

$$\frac{2}{q_m^{m+1}} \geqslant \alpha - \frac{p_m}{q_m} \geqslant \frac{C}{q_m^n}.$$

由此得

$$q_m^{m+1-n} \leqslant \frac{2}{C}.$$

而当 $m \to +\infty$ 时,

$$q_m^{m+1-n} \to +\infty,$$

矛盾. 所以, α 不是代数数, 即 α 是超越数.

用例 1 的方法可以构造出无穷多个超越数.

习　题　5.2

1. 证明:

$$\sum_{k=1}^{\infty} \frac{1}{3^{k!}}$$

是超越数.

2. 证明: $\sqrt{2}+\sqrt{3}$ 是 4 次代数数.

5.3　连　分　数

本节简单介绍一下连分数, 它在有理数逼近实数方面具有重要的意义, 也有着悠久的历史.

设 x_0 为实数, $x_1, x_2, \cdots$ 为正实数, 引入如下记号:

$$[x_0] = x_0,$$

$$[x_0, x_1] = x_0 + \frac{1}{x_1},$$

$$[x_0, x_1, x_2] = x_0 + \cfrac{1}{x_1 + \cfrac{1}{x_2}},$$

$$\cdots\cdots$$

一般地, 我们可以如此定义 $[x_0, \cdots, x_n]$. 由定义有

$$[x_0, \cdots, x_n] = [x_0, \cdots, x_{n-2}, [x_{n-1}, x_n]] = \left[x_0, \cdots, x_{n-2}, x_{n-1} + \frac{1}{x_n}\right].$$

对于有限数列 $x_0, x_1, \cdots, x_m$, 我们称 $[x_0, x_1, \cdots, x_m]$ 为有限连分数, 它的值就称为这个连分数的值. 对于无限数列 $x_0, x_1, \cdots$, 我们称 $[x_0, x_1, \cdots]$ (只是一个记号) 为无限连分数. 若

$$\lim_{n\to\infty}[x_0, x_1, \cdots, x_n]$$

存在且有限, 则称连分数 $[x_0, x_1, \cdots]$ 收敛, 其值为上述极限值, 记为

$$[x_0, x_1, \cdots] = \lim_{n\to\infty}[x_0, x_1, \cdots, x_n].$$

我们称 $[x_0, \cdots, x_n]$ 为连分数 $[x_0, x_1, \cdots]$ 的第 n 个渐近分数.

定理 5.3.1 设 x_0 为实数, $x_1, x_2, \cdots$ 为正实数, 令

$$p_0 = x_0, \quad q_0 = 1, \quad p_1 = x_1x_0 + 1, \quad q_1 = x_1,$$

$$p_n = x_np_{n-1} + p_{n-2}, \quad q_n = x_nq_{n-1} + q_{n-2}, \quad n = 2, 3, \cdots,$$

则

$$p_nq_{n-1} - p_{n-1}q_n = (-1)^{n-1}, \quad n = 1, 2, \cdots,$$
$$[x_0, x_1, \cdots, x_n] = \frac{p_n}{q_n}, \quad n = 0, 1, \cdots.$$

证明 对 n 用数学归纳法. 直接验证知, $n = 0, 1, 2$ 时结论成立. 假设结论对 n 成立. 现在考虑 $n+1$ 的情形. 由归纳假设有

$$\begin{aligned}p_{n+1}q_n - p_nq_{n+1} &= (x_{n+1}p_n + p_{n-1})q_n - p_n(x_{n+1}q_n + q_{n-1})\\ &= -(p_nq_{n-1} - p_{n-1}q_n) = (-1)^n.\end{aligned}$$

令

$$p_n' = \left(x_n + \frac{1}{x_{n+1}}\right)p_{n-1} + p_{n-2}, \quad q_n' = \left(x_n + \frac{1}{x_{n+1}}\right)q_{n-1} + q_{n-2},$$

则由归纳假设知

$$\begin{aligned}&[x_0, x_1, \cdots, x_n, x_{n+1}]\\ =&\left[x_0, x_1, \cdots, x_{n-1}, x_n + x_{n+1}^{-1}\right]\\ =&\frac{p_n'}{q_n'}\\ =&\frac{\left(x_n + x_{n+1}^{-1}\right)p_{n-1} + p_{n-2}}{\left(x_n + x_{n+1}^{-1}\right)q_{n-1} + q_{n-2}}\end{aligned}$$

$$
\begin{aligned}
&= \frac{p_n + x_{n+1}^{-1} p_{n-1}}{q_n + x_{n+1}^{-1} q_{n-1}} \\
&= \frac{x_{n+1} p_n + p_{n-1}}{x_{n+1} q_n + q_{n-1}} \\
&= \frac{p_{n+1}}{q_{n+1}},
\end{aligned}
$$

即结论对 $n+1$ 成立.

由数学归纳法原理知, 定理 5.3.1 得证.

推论 5.3.1 设 x_0 为实数, $x_1, x_2, \cdots$ 为正实数, p_n, q_n 如定理 5.3.1 中所定义, 则对任何整数 $n \geqslant 0$, 有

$$
\frac{p_0}{q_0} < \frac{p_2}{q_2} < \cdots < \frac{p_{2n}}{q_{2n}} < \frac{p_{2n+1}}{q_{2n+1}} < \cdots < \frac{p_3}{q_3} < \frac{p_1}{q_1},
$$

$$
\frac{p_{2n+1}}{q_{2n+1}} - \frac{p_{2n}}{q_{2n}} = \frac{1}{q_{2n} q_{2n+1}}.
$$

证明 由定理 5.3.1 知

$$
\begin{aligned}
&p_{2k+2} q_{2k} - p_{2k} q_{2k+2} \\
&= (x_{2k+2} p_{2k+1} + p_{2k}) q_{2k} - p_{2k}(x_{2k+2} q_{2k+1} + q_{2k}) \\
&= x_{2k+2}(p_{2k+1} q_{2k} - p_{2k} q_{2k+1}) = x_{2k+2},
\end{aligned}
$$

$$
\begin{aligned}
&p_{2k+3} q_{2k+1} - p_{2k+1} q_{2k+3} \\
&= (x_{2k+3} p_{2k+2} + p_{2k+1}) q_{2k+1} - p_{2k+1}(x_{2k+3} q_{2k+2} + q_{2k+1}) \\
&= x_{2k+3}(p_{2k+2} q_{2k+1} - p_{2k+1} q_{2k+2}) = -x_{2k+3},
\end{aligned}
$$

$$
\frac{p_{2k+3}}{q_{2k+3}} - \frac{p_{2k+2}}{q_{2k+2}} = \frac{p_{2k+3} q_{2k+2} - p_{2k+2} q_{2k+3}}{q_{2k+2} q_{2k+3}} = \frac{1}{q_{2k+2} q_{2k+3}}.
$$

因此

$$
\frac{p_{2k+2}}{q_{2k+2}} - \frac{p_{2k}}{q_{2k}} = \frac{p_{2k+2} q_{2k} - p_{2k} q_{2k+2}}{q_{2k} q_{2k+2}} = \frac{x_{2k+2}}{q_{2k} q_{2k+2}} > 0,
$$

$$
\frac{p_{2k+3}}{q_{2k+3}} - \frac{p_{2k+1}}{q_{2k+1}} = \frac{p_{2k+3} q_{2k+1} - p_{2k+1} q_{2k+3}}{q_{2k+1} q_{2k+3}} = \frac{-x_{2k+3}}{q_{2k+1} q_{2k+3}} < 0.
$$

所以

$$
\frac{p_{2k}}{q_{2k}} < \frac{p_{2k+2}}{q_{2k+2}} < \frac{p_{2k+3}}{q_{2k+3}} < \frac{p_{2k+1}}{q_{2k+1}}, \quad k = 0, 1, \cdots, n-1.
$$

推论 5.3.1 得证.

下面介绍简单连分数.

对于整数数列 $\{a_0,a_1,\cdots,a_n\}$, 其中 $a_1,\cdots,a_n$ 为正整数, 称连分数 $[a_0,a_1,\cdots,a_n]$ 为**有限简单连分数**. 对于无穷整数数列 $\{a_0,a_1,\cdots\}$, 其中 $a_1,a_2,\cdots$ 为正整数, 称连分数 $[a_0,a_1,\cdots]$ 为**无限简单连分数**. 有限简单连分数与无限简单连分数统称为**简单连分数**.

下面我们将证明: 每个实数都是某个简单连分数的值, 每个简单连分数都收敛.

对于实数 α, 如果 α 是整数, 那么令 $\alpha=a_0$, 并终止程序. 如果 α 不是整数, 那么令

$$\alpha=a_0+\frac{1}{\alpha_1},$$

其中 a_0 为整数, $\alpha_1>1$, 即 $\alpha=[a_0,\alpha_1]$. 如果 α_1 是整数, 那么令 $\alpha_1=a_1$, 并终止程序. 如果 α_1 不是整数, 那么令

$$\alpha_1=a_1+\frac{1}{\alpha_2},$$

其中 a_1 为正整数, $\alpha_2>1$, 即 $\alpha_1=[a_1,\alpha_2]$. 如此下去, $\alpha_i=[a_i,\alpha_{i+1}]$, a_i 为正整数, $\alpha_{i+1}>1$ $(i=1,2,\cdots)$. 这样我们有

$$\alpha=[a_0,a_1,\cdots,a_n,\alpha_{n+1}],\quad n=0,1,\cdots.$$

令

$$p_0=a_0,\quad q_0=1,\quad p_1=a_1a_0+1,\quad q_1=a_1,$$

$$p_n=a_np_{n-1}+p_{n-2},\quad q_n=a_nq_{n-1}+q_{n-2},\quad n=2,3,\cdots,$$

则由定理 5.3.1 知

$$p_nq_{n-1}-p_{n-1}q_n=(-1)^{n-1},\quad n=1,2,\cdots,$$

$$[a_0,a_1,\cdots,a_n]=\frac{p_n}{q_n},\quad n=0,1,\cdots,$$

$$\alpha=[a_0,a_1,\cdots,a_n,\alpha_{n+1}]=\frac{\alpha_{n+1}p_n+p_{n-1}}{\alpha_{n+1}q_n+q_{n-1}},\quad n=1,2,\cdots.$$

因此

$$\alpha-\frac{p_n}{q_n}=\frac{\alpha_{n+1}p_n+p_{n-1}}{\alpha_{n+1}q_n+q_{n-1}}-\frac{p_n}{q_n}$$

$$= \frac{-(p_n q_{n-1} - p_{n-1} q_n)}{(\alpha_{n+1} q_n + q_{n-1}) q_n}$$
$$= \frac{(-1)^n}{(\alpha_{n+1} q_n + q_{n-1}) q_n}.$$

注意到 $\alpha_{n+1} \geqslant a_{n+1}$, 有

$$\alpha_{n+1} q_n + q_{n-1} \geqslant a_{n+1} q_n + q_{n-1} = q_{n+1}.$$

这样, 我们已经证明了如下结论.

定理 5.3.2 对于实数 α, 有

$$\alpha = \frac{p_n}{q_n} + \frac{(-1)^n}{(\alpha_{n+1} q_n + q_{n-1}) q_n},$$

$$\alpha - \frac{p_n}{q_n} = \frac{(-1)^n \theta_n}{q_n q_{n+1}}, \quad 0 < \theta_n \leqslant 1.$$

如前面所定义, 我们称 $p_n/q_n = [a_0, a_1, \cdots, a_n]$ 为连分数 $[a_0, a_1, \cdots]$ 的第 n 个渐近分数, 也称 p_n/q_n 为实数 α 的第 n 个渐近分数. 立即得到如下推论.

推论 5.3.2 设 p_n/q_n 是实数 α 的第 n 个渐近分数, 则

$$\left| \alpha - \frac{p_n}{q_n} \right| < \frac{1}{q_n^2}.$$

当 α 为实无理数时, α_i 均为实的无理数. 如上, 我们得到一个无穷整数数列 $\{a_n\}$, 其中 a_n $(n \geqslant 1)$ 为正整数. 我们称 $[a_0, a_1, \cdots]$ 为 α 的连分数展开式. 由定理 5.3.2 知

$$\lim_{n\to\infty} [a_0, a_1, \cdots, a_n] = \lim_{n\to\infty} \frac{p_n}{q_n} = \alpha,$$

也就是说, 实无理数 α 的连分数展开式的值就是 α, 即 $[a_0, a_1, \cdots] = \alpha$.

当 α 为有理数时, 设 $\alpha = p/q$, $q > 1$, $(p, q) = 1$, 由辗转相除法知

$$\begin{aligned}
p &= a_0 q + r_0, \quad 0 < r_0 < q, \\
q &= a_1 r_0 + r_1, \quad 0 < r_1 < r_0, \\
&\cdots\cdots \\
r_{n-2} &= a_n r_{n-1} + r_n, \quad 0 < r_n < r_{n-1}, \\
r_{n-1} &= a_{n+1} r_n,
\end{aligned}$$

其中 a_0 为整数, $a_1, \cdots, a_{n+1}$ 为正整数, $a_{n+1} > 1$. 这样

$$\alpha = \frac{p}{q} = a_0 + \frac{r_0}{q} = a_0 + \frac{1}{\alpha_1}, \quad \alpha_1 = \frac{q}{r_0} > 1,$$

$$\alpha_1 = \frac{q}{r_0} = a_1 + \frac{r_1}{r_0} = a_1 + \frac{1}{\alpha_2}, \quad \alpha_2 = \frac{r_0}{r_1} > 1,$$

$$\cdots\cdots$$

$$\alpha_n = \frac{r_{n-2}}{r_{n-1}} = a_n + \frac{r_n}{r_{n-1}} = a_n + \frac{1}{\alpha_{n+1}}, \quad \alpha_{n+1} = \frac{r_{n-1}}{r_n} > 1,$$

$$\alpha_{n+1} = \frac{r_{n-1}}{r_n} = a_{n+1}.$$

根据连分数的定义, 有 $\alpha = [a_0, a_1, \cdots, a_{n+1}]$. 我们称 $[a_0, a_1, \cdots, a_{n+1}]$ 为 α 的连分数展开式, 这里 $a_{n+1} > 1$. 注意到 $a_{n+1} = [a_{n+1} - 1, 1]$, 我们也称 $[a_0, a_1, \cdots, a_{n+1} - 1, 1]$ 为 α 的一个连分数展开式.

以上我们证明了: 每个实无理数都有一个无限简单连分数展开式. 每个有理数都有两个有限简单连分数展开式.

不难看到: 有限简单连分数总表示一个有理数.

问题 是否每个无限简单连分数 $[b_0, b_1, \cdots]$ 总是实无理数的连分数展开式?

下面我们来回答这个问题. 设 $\{b_n\}_{n=0}^{\infty}$ 是一个无穷整数数列, b_n $(n \geqslant 1)$ 为正整数, 令

$$p_0 = b_0, \quad q_0 = 1, \quad p_1 = b_1 b_0 + 1, \quad q_1 = b_1,$$

$$p_n = b_n p_{n-1} + p_{n-2}, \quad q_n = b_n q_{n-1} + q_{n-2}, \quad n = 2, 3, \cdots,$$

则由定理 5.3.1 知

$$p_n q_{n-1} - p_{n-1} q_n = (-1)^{n-1}, \quad n = 1, 2, \cdots,$$

$$[b_0, b_1, \cdots, b_n] = \frac{p_n}{q_n}, \quad n = 0, 1, \cdots.$$

由推论 5.3.1 知, $\{[[b_0, b_1, \cdots, b_{2n}],\ [b_0, b_1, \cdots, b_{2n+1}]]\}$ 是一个闭区间套. 由闭区间套定理知, 存在唯一的实数 β, 使得

$$[b_0, b_1, \cdots, b_{2n}] \leqslant \beta \leqslant [b_0, b_1, \cdots, b_{2n+1}], \quad n = 1, 2, \cdots.$$

由此得 $b_0 < \beta < b_0 + 1$. 令

$$\beta = b_0 + \frac{1}{\beta_1},$$

则 $\beta_1 > 1$, 并且

$$[b_1, \cdots, b_{2n+1}] \leqslant \beta_1 \leqslant [b_1, \cdots, b_{2n}], \quad n = 1, 2, \cdots.$$

同理得

$$\beta_1 = b_1 + \frac{1}{\beta_2},$$

$$[b_2, \cdots, b_{2n}] \leqslant \beta_2 \leqslant [b_2, \cdots, b_{2n+1}], \quad n = 1, 2, \cdots.$$

如此下去, 我们得到 β 的连分数展开式为 $[b_0, b_1, \cdots]$. 由于有理数的连分数展开式为有限连分数, 故 β 为无理数. 同样可证: 若无限简单连分数 $[a_0, a_1, \cdots]$ 与无限简单连分数 $[b_0, b_1, \cdots]$ 的值相等, 则 $a_i = b_i$ $(i \geqslant 0)$. 若有限简单连分数 $[a_0, a_1, \cdots, a_k]$ 与有限简单连分数 $[b_0, b_1, \cdots, b_l]$ 的值相等, $a_k > 1$, $b_l > 1$, 则 $k = l$, 并且 $a_i = b_i$ $(0 \leqslant i \leqslant k)$.

我们已经证明了如下定理.

定理 5.3.3　(i) 每个有理数总可以表示成有限简单连分数, 并且恰有两种表示法; 每个有限简单连分数也表示一个有理数.

(ii) 每个实无理数总可以表示成无限简单连分数, 并且表示法唯一; 每个无限简单连分数也表示一个实无理数.

例 1　求 251/112 的连分数展开式.

解

$$\begin{aligned}\frac{251}{112} &= 2 + \frac{27}{112} = \left[2, \frac{112}{27}\right] = \left[2, 4 + \frac{4}{27}\right] \\ &= \left[2, 4, \frac{27}{4}\right] = \left[2, 4, 6 + \frac{3}{4}\right] \\ &= \left[2, 4, 6, \frac{4}{3}\right] \\ &= [2, 4, 6, 1, 3].\end{aligned}$$

附注　我们用

$$[2, 4] = 2 + \frac{1}{4} = \frac{9}{4}$$

来近似代替 251/112, 误差为

$$\frac{9}{4} - \frac{251}{112} = \frac{1}{112}.$$

我们用

$$[2, 4, 6] = 2 + \cfrac{1}{4 + \cfrac{1}{6}} = 2 + \frac{6}{25} = \frac{56}{25}$$

来近似代替 251/112, 误差为

$$\frac{251}{112}-\frac{56}{25}=\frac{3}{2800}<\frac{1}{933}.$$

这个例子表明我们可以用分母比较小的有理数代替一个数, 误差很小. 这就是连分数在近似计算方面的意义.

例 2 求 $\sqrt{2}$ 的连分数展开式及第 3 个渐近分数, 并利用连分数的知识给出 $\sqrt{2}$ 与它的第 3 个渐近分数的误差估计.

解

$$\sqrt{2}=1+\sqrt{2}-1=1+\frac{1}{\sqrt{2}+1},$$

$$\sqrt{2}+1=2+\sqrt{2}-1=2+\frac{1}{\sqrt{2}+1},$$

即

$$\sqrt{2}=[1,\sqrt{2}+1]=[1,2,\sqrt{2}+1]=[1,2,2,\sqrt{2}+1]=[1,2,2,\cdots].$$

这里 2 重复出现, 此时, 我们记成 $\sqrt{2}=[1,\dot{2}]$. 这样, $\sqrt{2}$ 的第 3 个渐近分数为

$$[1,2,2,2]=\left[1,2,\frac{5}{2}\right]=\left[1,\frac{12}{5}\right]=\frac{17}{12},$$

$\sqrt{2}$ 的第 4 个渐近分数为

$$[1,2,2,2,2]=\left[1,2,2,\frac{5}{2}\right]=\left[1,2,\frac{12}{5}\right]=\left[1,\frac{29}{12}\right]=\frac{41}{29},$$

根据定理 5.3.2 及 $\sqrt{2}$ 为无理数知, $\sqrt{2}$ 与它的第 3 个渐近分数的误差

$$0<\frac{17}{12}-\sqrt{2}<\frac{1}{12\times 29}=\frac{1}{348}.$$

这里我们看到: 用分母为 12 的有理数 17/12 逼近 $\sqrt{2}$, 误差小于 348^{-1}.

习 题 5.3

1. 求 537/211 的连分数展开式.

2. 求 $\sqrt{3}$ 的连分数展开式及第 3 个渐近分数, 并利用连分数的知识给出 $\sqrt{3}$ 与它的第 3 个渐近分数的误差估计.

3. 求连分数 $[2,\dot{2},\dot{3}]$ 的值.

第 5 章总习题

1. 证明: (i) 对任何有理数 p/q, 其中 p,q 为互素的正整数, 总有

$$\left|\sqrt{2}-\frac{p}{q}\right|>\frac{1}{4q^2};$$

(ii) 存在无穷多个有理数 p/q, 其中 p,q 为互素的正整数, 使得

$$\left|\sqrt{2}-\frac{p}{q}\right|<\frac{1}{2q^2}.$$

2. 设 d 为正整数, 它不是平方数, 证明: $\sqrt{d}$ 的连分数展开式一定是周期连分数, 也就是说, 若 $\sqrt{d}=[a_0,a_1,\cdots]$, 则存在非负整数 n_0 及正整数 t 使得 $a_{n+t}=a_n$ 对所有 $n\geqslant n_0$ 成立.

3. 设 α 为实数, 证明: α 的连分数展开式是周期连分数的充要条件为 α 是二次代数数.

第 6 章　数论题选讲与数论中未解决的问题

CHAPTER

在 6.1 节中, 我们将给出一些题目, 这些题有点难度, 大部分在前面的习题中出现过, 其中标 * 的题目不宜作为一般的教学要求, 这些题目不是从易到难排序的. 在 6.2 节中, 我们将给出这些题目的解答. 在 6.3 节中, 我们给出数论中一些未解决的问题, 供了解与研究, 除个别重要进展外, 我们没有过多介绍它们的背景与进展, 感兴趣的读者, 可以去查阅相关文献.

6.1　数论总复习题

1. 设 $n, n_1, \cdots, n_t$ 均为正整数, $n = n_1 + \cdots + n_t$, $(n_1, \cdots, n_t) = 1$, 证明:

$$\frac{(n-1)!}{n_1! \cdots n_t!}$$

一定是整数.

2. 设 n 为大于 1 的整数, 证明:

$$1 + \frac{1}{2} + \frac{1}{3} + \cdots + \frac{1}{n}$$

一定不是整数.

3. 设 n 为正整数, x 为实数, 证明:

$$[x] + \left[x + \frac{1}{n}\right] + \left[x + \frac{2}{n}\right] + \cdots + \left[x + \frac{n-1}{n}\right] = [nx],$$

其中 $[y]$ 表示实数 y 的整数部分.

4*. 设 a, b 为正整数, $ab + 1 \mid a^2 + b^2$, 证明:

$$\frac{a^2 + b^2}{ab + 1}$$

为平方数.

5*. 设 k 为正整数, 证明: 存在无穷多个正整数 n, 使得

$$2^n - 1, 2^n - 2, \cdots, 2^n - k$$

均为合数.

6*. 求方程 $5^x-3^y=2$ 的全部正整数解.

7*. 设 a,b 为正整数, $ab\mid a^2+b^2+1$, 证明: $a^2+b^2+1=3ab$.

8*. 设 a,b 为正整数,

$$\frac{a+1}{b}+\frac{b+1}{a}$$

为整数, 证明:

$$\frac{a+1}{b}+\frac{b+1}{a}\in\{3,4\}.$$

6.1节数论总复习题第9题

9*. 证明: 存在无穷多个正整数 n, 使得 $n^2+1\mid n!$.

10*. 证明: $5^x+12^y=13^z$ 的正整数解只有 $x=y=z=2$.

6.1节数论总复习题第11题

11*. 求方程 $2^x3^y-5^z7^w=1$ 的全部正整数解.

12. 设 a,b,c 为两两互素的正整数, 证明:

$$(ab)^{\varphi(c)}+(bc)^{\varphi(a)}+(ca)^{\varphi(b)}\equiv 1 \pmod{abc}.$$

6.1节数论总复习题第13题

13*. 求方程 $3^x7^y-2^z5^w=1$ 的全部正整数解.

14. 设 m,n 为正整数, 证明: $(2^m-1,2^n-1)=2^{(m,n)}-1$.

15. 设 m 为正整数, $a_1,\cdots,a_k$ 为整数, 对于每一个整数 n, 总存在唯一的下标 $1\leqslant i\leqslant k$, 使得 $n\equiv a_i \pmod m$, 证明: $k=m$ 且 $a_1,\cdots,a_k$ 是模 m 的完全剩余系.

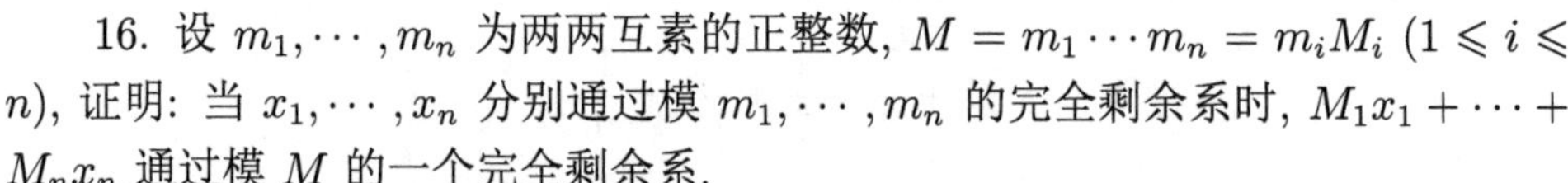

16. 设 $m_1,\cdots,m_n$ 为两两互素的正整数, $M=m_1\cdots m_n=m_iM_i$ $(1\leqslant i\leqslant n)$, 证明: 当 $x_1,\cdots,x_n$ 分别通过模 $m_1,\cdots,m_n$ 的完全剩余系时, $M_1x_1+\cdots+M_nx_n$ 通过模 M 的一个完全剩余系.

17. 证明: 对任何正整数 n, 总有 $\sigma(n)\leqslant nd(n)$ 及 $\sigma(n)\leqslant n\log d(n)+n$, 这里 $\sigma(n)$ 为 n 的所有正因数之和, $d(n)$ 为 n 的正因数的个数, $d(n)$ 表示 n 的自然对数.

18. 设 a,n 均为大于 1 的整数, a^n-1 为素数, 证明: $a=2$, n 为素数.

19. 设 m 为正整数, 2^m+1 为素数, 证明: $m=2^n$, 其中 n 为非负整数.

20. 设 a 为整数, p 为素数, $p\mid a^p-1$, 证明: $p^2\mid a^p-1$.

21. 设 p 为素数, 证明: 存在无穷多个正整数 n, 使得 $p\mid 2^n-n$.

22. 证明: 对任给定的正整数 n, 总存在 n 个连续的正整数, 它们中的每一个数都有形如 m^2+1 的因数, 其中 m 为大于 1 的整数.

23. 设 p 是奇素数, 证明: $x^{p-1}-1-(x-1)(x-2)\cdots(x-p+1)$ 是次数 $<p-1$, 且系数均为 p 的倍数的多项式. 并由此证明威尔逊定理:

$$(p-1)!\equiv -1 \pmod p.$$

24. 设 a 是任给定的非零整数, 是否一定存在无穷多个素数 p, 使得 a 是 p 的二次剩余?

25. 设 a 是任给定的整数, $a \equiv 2 \pmod 4$, 是否一定存在无穷多个素数 p, 使得 a 是 p 的二次非剩余?

26. 试定出以 $-3, 5$ 均为二次剩余的所有大于 5 的素数.

27. 试确定所有能表示成 $a^2 + 2b^2$ 的素数, 其中 a, b 是整数.

28. 试确定所有能表示成 $2a^2 - b^2$ 的素数, 其中 a, b 是整数.

6.1节数论总复习题第24题

29. 设 n 为正整数, 证明: n 能表示成三个整数的平方和的充要条件是 $4n$ 能表示成三个整数的平方和.

30. 设 a 为正整数, n 为大于 1 的整数, $(n, a-1) = 1$, 证明: $n \nmid a^n - 1$.

31. 设 a 为非零整数, p, q 均是奇素数, $4a \mid p - q$, 证明: a 是 p 的二次剩余当且仅当 a 是 q 的二次剩余.

32. 试确定所有能表示成 $a^2 - 2b^2$ 的素数, 其中 a, b 是整数.

33. 设 p 是奇素数, $p - 1$ 的全部不同素因数为 $p_1, \cdots, p_t$, a 为整数, $p \nmid a$,

$$a^{\frac{p-1}{p_i}} \not\equiv 1 \pmod p, \quad i = 1, 2, \cdots, t,$$

证明: a 是 p 的原根.

34. 证明: $x^2 - 13y^2 = -1$ 有无穷多组正整数解.

35. 设 a, b, c 为给定的正整数, $(a, b) = 1$, 证明: 不定方程 $ax + by = c$ 的非负整数解的个数为

$$\left[\frac{c}{ab}\right] \text{ 或 } \left[\frac{c}{ab}\right] + 1,$$

其中 $[y]$ 表示实数 y 的整数部分.

36. 设 n 为正整数, 证明: $n!(n+1)! \mid (2n)!$.

37. 设 a, b 为整数, p 为奇素数, 证明: $p \mid a^{p-2} - b^{p-2}$ 当且仅当 $p \mid a - b$.

38. 设 m 为大于 2 的整数, 证明:

(1) 存在无穷多个正整数 a, 使得 $m \mid \varphi(a)$;

(2) 存在无穷多个正整数 b, 使得 $m \nmid \varphi(b)$.

39. 证明: 对于实数 $x \geqslant 1$, 总有

$$\sum_{1 \leqslant n \leqslant x} \mu(n) \left[\frac{x}{n}\right] = 1,$$

这里求和表示对不超过 x 的所有正整数求和, $\mu(n)$ 为默比乌斯函数, $[y]$ 表示实数 y 的整数部分.

40. 设 p 是奇素数, 证明: 形如 $2np + 1$ 的素数有无穷多个, 其中 n 为正整数.

41. 设 p 是奇素数, k 为正整数, $p-1 \nmid k$, 证明:

$$1^k + 2^k + \cdots + p^k \equiv 0 \pmod{p}.$$

42. 设 n 为大于 1 的整数, $F_n = 2^{2^n} + 1$, p 为 F_n 的素因数, 证明: 存在正整数 k, 使得 $p = 2^{n+2}k + 1$.

43. 证明: 形如 $8n+5$ 的素数有无穷多个.

44. 证明: 形如 $8n+7$ 的素数有无穷多个.

45. 证明: 形如 $20n+1$ 的素数有无穷多个.

46. 设 a, b, k 为正整数, p 为素数, $(k, p-1) = 1$, 证明: $p \mid a^k - b^k$ 当且仅当 $p \mid a - b$.

47. 设 p 是形如 $4n+1$ 的素数, 证明: p 表示成两个正整数的平方和的表示法唯一 (不计两个正整数的次序).

48*. 设 p 是奇素数, a, b, c 为整数, $p \nmid a$, $p \nmid b^2 - 4ac$, 证明:

$$\sum_{n=1}^{p} \left(\frac{an^2 + bn + c}{p} \right) = -\left(\frac{a}{p} \right).$$

49. 设 p 为大于 3 的素数, $a_1, \cdots, a_{(p-1)/2}$ 均是模 p 的二次剩余, 它们模 p 两两不同余, 证明:

$$a_1 + \cdots + a_{(p-1)/2} \equiv 0 \pmod{p}.$$

50. 设 p 为大于 3 的素数, $a_1, \cdots, a_{(p-1)/2}$ 均是模 p 的二次非剩余, 它们模 p 两两不同余, 证明:

$$a_1 + \cdots + a_{(p-1)/2} \equiv 0 \pmod{p}.$$

51. 设 g 是正整数 m 的一个原根, k 是正整数, 证明:

(i) g^k 是 m 的原根的充要条件是 $(k, \varphi(m)) = 1$;

(ii) m 的原根个数 (在模 m 意义下) 为 $\varphi(\varphi(m))$.

52. 设 a, b 模 m 的阶分别为 r, s, $(r, s) = 1$, 证明: ab 模 m 的阶为 rs.

53. 对于素数 p 及正整数 n, 用 $\alpha_p(n)$ 表示 $n!$ 的标准分解式中 p 的幂次, 用 $S_p(n)$ 表示 n 的 p 进制表示中数字之和, 证明: 对于任何正整数 n, 有

$$\alpha_p(n) = \frac{n - S_p(n)}{p-1}.$$

6.2 数论总复习题解答

1. 设 $n, n_1, \cdots, n_t$ 均为正整数, $n = n_1 + \cdots + n_t$, $(n_1, \cdots, n_t) = 1$, 证明:

$$\frac{(n-1)!}{n_1! \cdots n_t!}$$

一定是整数.

证明 本题将用到定理 4.1.2:

$$\frac{(a_1 + \cdots + a_t)!}{a_1! \cdots a_t!}$$

一定是整数.

由 $n - 1 = (n_1 - 1) + n_2 + \cdots + n_t$ 知

$$(n_1 - 1)! n_2! \cdots n_t! \mid (n-1)!.$$

因此

$$n_1! \cdots n_t! \mid (n-1)! n_1.$$

同理

$$n_1! \cdots n_t! \mid (n-1)! n_i, \quad i = 2, 3, \cdots, t.$$

所以

$$n_1! \cdots n_t! \mid (n-1)!(n_1, \cdots, n_t),$$

即

$$n_1! \cdots n_t! \mid (n-1)!,$$

即

$$\frac{(n-1)!}{n_1! \cdots n_t!}$$

一定是整数.

2. 设 n 为大于 1 的整数, 证明:

$$1 + \frac{1}{2} + \frac{1}{3} + \cdots + \frac{1}{n}$$

一定不是整数.

证法一 设 k 为整数, 使得 $2^k \leqslant n < 2^{k+1}$. 令 N 为不超过 n 的所有正奇数的乘积. 考虑

$$2^{k-1}N\left(1+\frac{1}{2}+\frac{1}{3}+\cdots+\frac{1}{n}\right)=2^{k-1}N+\frac{2^{k-1}N}{2}+\frac{2^{k-1}N}{3}+\cdots+\frac{2^{k-1}N}{n}.$$

对于 $1\leqslant s\leqslant n$, $s\neq 2^k$, 若 $2^k\mid s$, 则 $s\geqslant 2^{k+1}>n$, 矛盾. 因此, $2^k\nmid s$. 由此知, 对于 $1\leqslant s\leqslant n$, $s\neq 2^k$,

$$\frac{2^{k-1}N}{s}$$

为整数. 而

$$\frac{2^{k-1}N}{2^k}=\frac{N}{2}$$

不是整数, 这样

$$2^{k-1}N+\frac{2^{k-1}N}{2}+\frac{2^{k-1}N}{3}+\cdots+\frac{2^{k-1}N}{n}$$

的项中恰有一项不是整数, 其他项都是整数. 因此

$$2^{k-1}N+\frac{2^{k-1}N}{2}+\frac{2^{k-1}N}{3}+\cdots+\frac{2^{k-1}N}{n}$$

不是整数, 即

$$2^{k-1}N\left(1+\frac{1}{2}+\frac{1}{3}+\cdots+\frac{1}{n}\right)$$

不是整数. 所以

$$1+\frac{1}{2}+\frac{1}{3}+\cdots+\frac{1}{n}$$

一定不是整数.

证法二 设 p 是满足 $p\leqslant n$ 的最大素数, 由 Bertrand 假设知, $p>\frac{n}{2}$, 即 $2p>n$. 令

$$M=\frac{n!}{p},$$

则由 $2p>n$ 知, $p\nmid M$, 即 M/p 不是整数. 对于 $1\leqslant s\leqslant n$, $s\neq p$, 我们知道: M/s 是整数. 这样

$$M+\frac{M}{2}+\frac{M}{3}+\cdots+\frac{M}{p}+\cdots+\frac{M}{n}$$

的项中恰有一项不是整数, 其他项都是整数. 从而

$$M\left(1+\frac{1}{2}+\frac{1}{3}+\cdots+\frac{1}{n}\right)$$

不是整数. 所以

$$1+\frac{1}{2}+\frac{1}{3}+\cdots+\frac{1}{n}$$

一定不是整数.

证法三 令

$$1+\frac{1}{2}+\frac{1}{3}+\cdots+\frac{1}{n}=\frac{u_n}{v_n},\quad (u_n,v_n)=1,\quad v_n\geqslant 1.$$

对 n 用归纳法, 证明: 当 $n\geqslant 2$ 时, v_n 为偶数. 从而

$$1+\frac{1}{2}+\frac{1}{3}+\cdots+\frac{1}{n}$$

不是整数.

当 $n=2,3$ 时, $v_2=2$, $v_3=6$ 均是偶数.

假设当 $2\leqslant n<m$ $(m\geqslant 4)$ 时, v_n 是偶数. 设 k 是整数, 使得 $2k\leqslant m<2(k+1)$, 则 $2\leqslant k<m$. 由归纳假设知, v_k 是偶数. 从而 u_k 为奇数. 我们有

$$\begin{aligned}\frac{u_m}{v_m}&=\sum_{1\leqslant l\leqslant m,2\nmid l}\frac{1}{l}+\frac{1}{2}\sum_{1\leqslant l\leqslant k}\frac{1}{l}\\&=\frac{b}{a}+\frac{1}{2}\frac{u_k}{v_k}\\&=\frac{2bv_k+au_k}{2av_k},\end{aligned}$$

其中 a 为奇数. 这样, $2bv_k+au_k$ 为奇数, $2av_k$ 为偶数. 因此, 将

$$\frac{2bv_k+au_k}{2av_k}$$

写成最简分数时, 分母仍为偶数, 即 v_m 为偶数.

由数学归纳法原理知: 当 $n\geqslant 2$ 时, v_n 为偶数.

3. 设 n 为正整数, x 为实数, 证明:

$$[x]+\left[x+\frac{1}{n}\right]+\left[x+\frac{2}{n}\right]+\cdots+\left[x+\frac{n-1}{n}\right]=[nx],$$

其中 $[y]$ 表示实数 y 的整数部分.

复习 对于实数 x, $[x]$ 是不超过 x 的最大整数, 即 $[x]$ 是使得 $k \leqslant x < k+1$ 成立的整数 k, $[x]$ 称为 x 的整数部分, 也称高斯函数. 我们有 $x=[x]+\{x\}$, $\{x\}$ 为 x 的小数部分. 对于整数 m, 有 $x+m=[x]+m+\{x\}$. 因此, $[x+m]=[x]+m$.

证法一 设 $x=[x]+\alpha$, $0 \leqslant \alpha < 1$, 则

$$\begin{aligned}
&[x]+\left[x+\frac{1}{n}\right]+\left[x+\frac{2}{n}\right]+\cdots+\left[x+\frac{n-1}{n}\right]\\
=&[x]+[\alpha]+[x]+\left[\alpha+\frac{1}{n}\right]+\cdots+[x]+\left[\alpha+\frac{n-1}{n}\right]\\
=&n[x]+[\alpha]+\left[\alpha+\frac{1}{n}\right]+\cdots+\left[\alpha+\frac{n-1}{n}\right],
\end{aligned}$$

$$[nx]=[n[x]+n\alpha]=n[x]+[n\alpha].$$

因此, 只要证明:

$$[\alpha]+\left[\alpha+\frac{1}{n}\right]+\cdots+\left[\alpha+\frac{n-1}{n}\right]=[n\alpha].$$

设 k 为整数, $k/n \leqslant \alpha < (k+1)/n$, 则 $k \leqslant n\alpha < k+1$. 因此, $[n\alpha]=k$.

当 $0 \leqslant i \leqslant n-k-1$ 时,

$$0 \leqslant \alpha+\frac{i}{n} < \frac{k+1}{n}+\frac{n-k-1}{n}=1.$$

因此

$$\left[\alpha+\frac{i}{n}\right]=0, \quad 0 \leqslant i \leqslant n-k-1.$$

当 $n-k \leqslant i \leqslant n-1$ 时,

$$\alpha+\frac{i}{n} \geqslant \frac{k}{n}+\frac{n-k}{n}=1.$$

又

$$\alpha+\frac{i}{n}<1+1=2,$$

故

$$\left[\alpha+\frac{i}{n}\right]=1, \quad n-k \leqslant i \leqslant n-1.$$

综上, 有

$$[\alpha]+\left[\alpha+\frac{1}{n}\right]+\cdots+\left[\alpha+\frac{n-1}{n}\right]=k=[n\alpha].$$

证法二 令

$$f(x)=[x]+\left[x+\frac{1}{n}\right]+\left[x+\frac{2}{n}\right]+\cdots+\left[x+\frac{n-1}{n}\right]-[nx].$$

由于

$$\begin{aligned}f\left(x+\frac{1}{n}\right)&=\left[x+\frac{1}{n}\right]+\left[x+\frac{2}{n}\right]+\cdots+\left[x+\frac{n-1}{n}\right]+\left[x+\frac{n}{n}\right]-[nx+1]\\&=\left[x+\frac{1}{n}\right]+\left[x+\frac{2}{n}\right]+\cdots+\left[x+\frac{n-1}{n}\right]+[x]-[nx]\\&=f(x),\end{aligned}$$

故 $f(x)$ 以 $1/n$ 为周期. 当 $0\leqslant x<1/n$ 时,

$$0\leqslant nx<1,\quad 0\leqslant x<x+\frac{1}{n}<\cdots<x+\frac{n-1}{n}<1.$$

因此

$$[nx]=0,\quad \left[x+\frac{i}{n}\right]=0,\quad 0\leqslant i\leqslant n-1.$$

从而, 当 $0\leqslant x<1/n$ 时, $f(x)=0$. 所以, 对任何实数 x, 有 $f(x)=0$.

4. 设 a,b 为正整数, $ab+1\mid a^2+b^2$, 证明:

$$\frac{a^2+b^2}{ab+1}$$

为平方数.

证法一 设

$$k=\frac{a^2+b^2}{ab+1},$$

则由 $ab+1\mid a^2+b^2$ 知, k 为正整数. 考虑

$$k=\frac{u^2+v^2}{uv+1}$$

成立的所有正整数对 u, v. 在这样的正整数对中, 设 u_0, v_0 是使 v 最小的一对. 由 u, v 的对称性知, $u_0 \geqslant v_0$. 否则, 将 u_0, v_0 交换一下位置, 与 v_0 的最小性矛盾. 将

$$k = \frac{u_0^2 + v_0^2}{u_0 v_0 + 1}$$

改写成

$$u_0^2 - k v_0 u_0 + v_0^2 - k = 0.$$

考虑一元二次方程 $x^2 - k v_0 x + v_0^2 - k = 0$. 它的一个根为 $x = u_0$. 设它的另一个根为 $x = u_1$, 则由韦达定理知

$$u_1 + u_0 = k v_0, \quad u_1 u_0 = v_0^2 - k.$$

由 $u_1 = k v_0 - u_0$ 知, u_1 为整数.

由 $u_1^2 - k v_0 u_1 + v_0^2 - k = 0$ 知, $k(v_0 u_1 + 1) = u_1^2 + v_0^2 > 0$. 从而, $v_0 u_1 + 1 > 0$. 由此得 $u_1 \geqslant 0$. 假设 $u_1 > 0$. 由 $u_1^2 - k v_0 u_1 + v_0^2 - k = 0$ 知

$$k = \frac{u_1^2 + v_0^2}{u_1 v_0 + 1}.$$

由 v_0 的最小性假设知, $u_1 \geqslant v_0$. 这样

$$v_0^2 - k = u_1 u_0 \geqslant v_0 v_0 = v_0^2,$$

与 $k > 0$ 矛盾. 所以, $u_1 = 0$. 从而, $v_0^2 - k = u_1 u_0 = 0$, 即 $k = v_0^2$.

证法二　这一证法是基于方金辉的一个证明. 令

$$k = \frac{a^2 + b^2}{ab + 1},$$

则由 $ab + 1 \mid a^2 + b^2$ 知, k 为正整数. 固定 k. 不妨设 a, b 是使得上式成立的数组中 b 最小的一组, 则 $a \geqslant b$. 根据带余除法定理, 存在整数 q, r, 使得 $a = bq + r$, $0 \leqslant r < b$. 由 $a \geqslant b$ 知, $q \geqslant 1$. 这样

$$\begin{aligned} k &= \frac{a^2 + b^2}{ab + 1} \\ &= \frac{(bq + r)^2 + b^2}{(bq + r)b + 1} \\ &= q + \frac{bqr + r^2 + b^2 - q}{b^2 q + br + 1}. \end{aligned}$$

因此

$$\frac{bqr+r^2+b^2-q}{b^2q+br+1}=k-q \tag{6.2.1}$$

为整数. 又

$$bqr+r^2+b^2-q>-q>-(b^2q+br+1),$$

$$bqr+r^2+b^2-q<b^2q+rb+b^2-q<2(b^2q+br+1),$$

故 $-1<k-q<2$. 从而, $k-q=0,1$. 假设 $k-q=1$. 由 (6.2.1) 知, $bqr+r^2+b^2-q=b^2q+br+1$. 将 $q=k-1$ 代入前式, 解出 k 得

$$k=\frac{(b-r)^2+b^2}{(b-r)b+1}.$$

由 a,b 取法知, $b-r\geqslant b$. 因此, $r=0$. 这样, $bqr+r^2+b^2-q=b^2q+br+1$ 变为 $b^2=(b^2+1)q+1$, 矛盾. 所以, $k-q=0$. 由 (6.2.1) 知, $bqr+r^2+b^2-q=0$. 这样, $bqr+r^2=q-b^2<q$. 因此, $r=0$, 从而, $k=q=b^2$.

证法三 令

$$k=\frac{a^2+b^2}{ab+1}, \tag{6.2.2}$$

则由 $ab+1\mid a^2+b^2$ 知, k 为正整数. 固定 k. 设 a,b 是使得上式成立的正整数对中 b 最小的一对, 则 $a\geqslant b$.

将 (6.2.2) 改写成 $a^2-kab+b^2-k=0$, 即 $a(a-kb)+b^2-k=0$, 即 $(a-kb+kb)(a-kb)+b^2-k=0$, 即 $(a-kb)^2-kb(kb-a)+b^2-k=0$. 由 $kb(kb-a)+k=(a-kb)^2+b^2>0$ 知, $kb-a\geqslant 0$. 假设 $kb-a>0$. 由 $(a-kb)^2-kb(kb-a)+b^2-k=0$ 得

$$k=\frac{(kb-a)^2+b^2}{b(kb-a)+1}.$$

由假设知, $kb-a\geqslant b$. 这样, $b^2-k=a(kb-a)\geqslant bb=b^2$, 与 $k>0$ 矛盾. 因此, $kb-a=0$. 再由 $a(a-kb)+b^2-k=0$ 知, $k=b^2$.

5. 设 k 为正整数, 证明: 存在无穷多个正整数 n, 使得

$$2^n-1,2^n-2,\cdots,2^n-k$$

均为合数.

证明 由于

$$2^{2k}-1>2^{2k}-2>\cdots>2^{2k}-k>1,$$

故存在素数 $p_1, \cdots, p_k$, 使得

$$p_i \mid 2^{2k} - i, \quad i = 1, 2, \cdots, k.$$

取 $n = (p_1 - 1)(p_2 - 1) \cdots (p_k - 1)m + 2k$, m 为正整数. 对于给定的 i, 若 $p_i = 2$, 则由 $p_i \mid 2^{2k} - i$ 知, $p_i \mid i$. 从而 $p_i \mid 2^n - i$. 若 $p_i \geqslant 3$, 则由费马小定理知

$$2^{p_i - 1} \equiv 1 \pmod{p_i}.$$

从而

$$2^{(p_1-1)(p_2-1)\cdots(p_k-1)m} \equiv 1 \pmod{p_i}.$$

因此

$$2^n - i = 2^{(p_1-1)(p_2-1)\cdots(p_k-1)m+2k} - i \equiv 2^{2k} - i \equiv 0 \pmod{p_i}.$$

又 $2^n - i > 2^{2k} - i \geqslant p_i$, 故 $2^n - i$ 是合数. 这就证明了: 对于

$$n = (p_1 - 1)(p_2 - 1) \cdots (p_k - 1)m + 2k,$$

m 为正整数, 总有

$$2^n - 1, 2^n - 2, \cdots, 2^n - k$$

均为合数.

6. 求方程 $5^x - 3^y = 2$ 的全部正整数解.

解 先分析一下所给方程: $x = 1, y = 1$ 是所给方程的一组解. 一般是借助于同余及分解来处理不定方程的解, 选取合适的模非常重要, 有些是必然的选择.

对于任何正整数 m 及非负整数 k, l, 令

$$x = \varphi(m)k + 1, \quad y = \varphi(m)l + 1.$$

若 $(m, 15) = 1$, 则由欧拉定理知

$$5^x - 3^y = 5^{\varphi(m)k+1} - 3^{\varphi(m)l+1} \equiv 5 - 3 \equiv 2 \pmod{m}.$$

这样我们得不到任何矛盾.

由于

$$5^{2k+1} - 3^{2l+1} \equiv 5 - 3 \equiv 2 \pmod{3}, \quad k, l = 0, 1, \cdots,$$

$$5^{4k+1} - 3^{4l+1} \equiv 5 - 3 \equiv 2 \pmod{5}, \quad k, l = 0, 1, \cdots,$$

故模 3, 5 也不会直接得到矛盾. 模 3^2 或模 5^2 是必然的一步, 其他见机行事.

下面正式来解所给方程.

当 $y=1$ 时, $x=1$, 即 $x=1,y=1$ 为一组解.

下设 $y\geqslant 2$. 此时 $x\geqslant 2$.

模 3^2, 方程 $5^x-3^y=2$ 变为 $5^x\equiv 2 \pmod 9$. 计算知

$$5^1=5,\quad 5^2=25\equiv -2 \pmod 9,\quad 5^3\equiv -2\times 5\equiv -1 \pmod 9,$$

$$5^4\equiv -1\times 5\equiv 4 \pmod 9,\quad 5^5\equiv 4\times 5\equiv 2 \pmod 9,\quad 5^6\equiv 2\times 5\equiv 1 \pmod 9.$$

因此, $x\equiv 5 \pmod 6$. 由 $6=7-1$ 及费马小定理知, $5^6\equiv 1 \pmod 7$. 这样

$$5^x\equiv 5^5\equiv (-2)^5\equiv 3 \pmod 7,$$

$$3^y=5^x-2\equiv 1 \pmod 7.$$

计算知

$$3^1=3,\quad 3^2\equiv 2 \pmod 7,\quad 3^3\equiv -1 \pmod 7,$$

$$3^4\equiv -3 \pmod 7,\quad 3^5\equiv -2 \pmod 7,\quad 3^6\equiv 1 \pmod 7.$$

因此, $y\equiv 0 \pmod 6$. 这样

$$2=5^x-3^y\equiv 1^x-(-1)^y\equiv 0 \pmod 4,$$

矛盾.

综上, 方程 $5^x-3^y=2$ 的正整数解只有 $x=1,y=1$.

7. 设 a,b 为正整数, $ab\mid a^2+b^2+1$, 证明: $a^2+b^2+1=3ab$.

证法一 假设结论不成立, 设 a,b 是所有反例中 b 最小的一组, 则 $a\geqslant b$, $ab\mid a^2+b^2+1$, $a^2+b^2+1\neq 3ab$. 设 $a^2+b^2+1=kab$, 则由假设知, k 为正整数, $k\neq 3$. 考虑一元二次方程 $x^2-kbx+b^2+1=0$, $x=a$ 是其一根, 设它的另一根为 $x=a'$, 则由韦达定理知

$$a+a'=kb,\quad aa'=b^2+1.$$

由 $a+a'=kb$ 知, a' 为整数. 由 $aa'=b^2+1>0$ 知, $a'>0$. 根据 $x=a'$ 是 $x^2-kbx+b^2+1=0$ 的根知, $a'^2-kba'+b^2+1=0$. 这样, a',b 为正整数, $a'b\mid a'^2+b^2+1$, $a'^2+b^2+1=ka'b\neq 3a'b$. 由 b 的最小性知, $a'\geqslant b$. 若 $a=b$, 则 $ab\mid a^2+b^2+1$ 变为 $a^2\mid 2a^2+1$. 由此得 $a=1$. 这样, $a^2+b^2+1=3=3ab$, 与 a,b 是反例矛盾. 因此, $a>b$. 同理: $a'>b$. 这样, $b^2+1=aa'\geqslant (b+1)(b+1)$, 矛盾. 所以, 结论成立.

证法二 假设结论不成立, 设 a,b 是所有反例中 b 最小的一组, 则 $a \geqslant b$, $ab \mid a^2+b^2+1$, $a^2+b^2+1 \neq 3ab$. 设 $a^2+b^2+1=kab$, 则由假设知, k 为正整数, $k \neq 3$. 由 $a^2+b^2+1=kab$ 得

$$b^2+1=a(kb-a)=(a-kb+kb)(kb-a)=-(kb-a)^2+kb(kb-a),$$

即

$$(kb-a)^2+b^2+1=kb(kb-a).$$

由此得 $kb-a$ 是正整数, $kb-a,b$ 是反例. 因此, $kb-a \geqslant b$. 若 $a=b$, 则 $a^2+b^2+1=kab$ 变为 $(k-2)a^2=1$. 由此得 $k-2=1$, 即 $k=3$, 矛盾. 因此, $a>b$. 同理: $kb-a>b$. 这样, $b^2+1=a(kb-a) \geqslant (b+1)(b+1)$, 矛盾. 所以, 结论成立.

证法三 这一证法是基于方金辉的一个证明. 不妨设 $a \geqslant b$, 若 $a>b$, 则进行下述操作: 由 $ab \mid a^2+b^2+1$ 知, $a \mid b^2+1$. 设 $b^2+1=aa'$, 则由 $a>b$ 知, $a' \leqslant b$, 并且

$$\frac{a^2+b^2+1}{ab}=\frac{a^2+aa'}{ab}=\frac{a+a'}{b}=\frac{aa'+a'^2}{a'b}=\frac{a'^2+b^2+1}{a'b}.$$

由 $ab \mid a^2+b^2+1$ 知, $a'b \mid a'^2+b^2+1$. 注意到 $a>b \geqslant a'$, 反复进行上述操作, 一定在某一步终止, 此时

$$\frac{a^2+b^2+1}{ab}=\frac{a'^2+b^2+1}{a'b}=\cdots=\frac{c^2+d^2+1}{cd},$$

并且 $c=d$, $cd \mid c^2+d^2+1$. 由此得 $c=d=1$, 从而

$$\frac{a^2+b^2+1}{ab}=\frac{c^2+d^2+1}{cd}=3,$$

即 $a^2+b^2+1=3ab$.

8. 设 a,b 为正整数,

$$\frac{a+1}{b}+\frac{b+1}{a}$$

为整数, 证明:

$$\frac{a+1}{b}+\frac{b+1}{a} \in \{3,4\}.$$

证法一 令

$$k=\frac{a+1}{b}+\frac{b+1}{a}.$$

固定 k. 设 a,b 是使得上式成立的 a,b 中 b 最小的一组, 则 $a \geqslant b$. 上式可以变为 $a^2+a(1-kb)+b^2+b=0$. 考虑一元二次方程 $x^2+(1-kb)x+b^2+b=0$, $x=a$ 是其一根, 设它的另一根为 $x=a'$, 则由韦达定理知

$$a+a'=kb-1, \quad aa'=b^2+b.$$

由 $a+a'=kb-1$ 知, a' 为整数. 由 $aa'=b^2+b>0$ 知, $a'>0$. 根据 $x=a'$ 是 $x^2+(1-kb)x+b^2+b=0$ 的根知, $a'^2+(1-kb)a'+b^2+b=0$, 即

$$k=\frac{a'+1}{b}+\frac{b+1}{a'}.$$

由 b 的最小性知, $a' \geqslant b$. 由 $aa'=b^2+b$, $a \geqslant b$, $a' \geqslant b$ 知, $a=b$ 或 $a'=b$. 若 $a=b$, 则由

$$\frac{a+1}{b}+\frac{b+1}{a}$$

为整数知, $a=1,2$. 当 $a=b=1$ 时,

$$\frac{a+1}{b}+\frac{b+1}{a}=4.$$

当 $a=b=2$ 时,

$$\frac{a+1}{b}+\frac{b+1}{a}=3.$$

同样, 若 $a'=b$, 则

$$k=\frac{a'+1}{b}+\frac{b+1}{a'} \in \{3,4\}.$$

证法二 不妨设 $a \geqslant b$. 若 $a>b$, 则进行下述操作: 由

$$\frac{a+1}{b}+\frac{b+1}{a}$$

为整数知

$$a+1+\frac{b(b+1)}{a}=b\left(\frac{a+1}{b}+\frac{b+1}{a}\right)$$

为整数. 从而, $a \mid b(b+1)$. 设 $aa'=b(b+1)$, 则 $a' \leqslant b$, 并且

$$\begin{aligned}\frac{a+1}{b}+\frac{b+1}{a} &= \frac{a+1}{b}+\frac{b(b+1)}{ab}\\ &= \frac{a+1}{b}+\frac{aa'}{ab}\end{aligned}$$

$$
\begin{aligned}
&= \frac{a}{b} + \frac{a'+1}{b} \\
&= \frac{aa'}{ba'} + \frac{a'+1}{b} \\
&= \frac{b(b+1)}{ba'} + \frac{a'+1}{b} \\
&= \frac{b+1}{a'} + \frac{a'+1}{b}.
\end{aligned}
$$

若 $a' = b$, 则终止. 若 $a' < b$, 则再进行上述操作. 反复进行上述操作, 一定在某一步终止, 此时

$$\frac{a+1}{b} + \frac{b+1}{a} = \frac{b+1}{a'} + \frac{a'+1}{b} = \cdots = \frac{d+1}{c} + \frac{c+1}{d},$$

并且 $c = d$. 由此得 $c = d \in \{1, 2\}$. 从而

$$\frac{a+1}{b} + \frac{b+1}{a} = \frac{d+1}{c} + \frac{c+1}{d} \in \{3, 4\}.$$

9. 证明: 存在无穷多个正整数 n, 使得 $n^2 + 1 \mid n!$.

证法一 我们试图找到无穷多个正整数 n, 对于 n, 存在三个整数 a, b, c, 使得 $n^2 + 1 = abc$, $1 < a < b < c \leqslant n$. 我们知道

$$
\begin{aligned}
(2m^2)^2 + 1 &= 4m^4 + 1 = 4m^4 + 4m^2 + 1 - 4m^2 \\
&= (2m^2+1)^2 - (2m)^2 = (2m^2+1+2m)(2m^2+1-2m).
\end{aligned}
$$

注意到: 当 $m = 1$ 时, $2m^2 + 1 + 2m = 5$. 考虑形如 $m = 5k + 1$ 的数, 这里 k 为正整数, 有

$$2m^2 + 1 + 2m \equiv 5 \equiv 0 \pmod 5.$$

令 $2m^2 + 1 + 2m = 5b$, 取 $n = 2m^2 = 2(5k+1)^2$, 则 $n^2 + 1 = 5b(2m^2 + 1 - 2m)$, $5 < b < 2m^2 + 1 - 2m < n$. 这样, 我们就有 $n^2 + 1 \mid n!$.

证法二 借助佩尔方程的思想. 注意到 $3^2 + 1 = 10$, 即 $(3+\sqrt{10})(3-\sqrt{10}) = -1$, 对于正整数 k, 有

$$(3+\sqrt{10})^{2k+1}(3-\sqrt{10})^{2k+1} = (-1)^{2k+1} = -1.$$

对 $(3+\sqrt{10})^{2k+1}$ 用二项展开式或直接乘开, 写成 $x_k + y_k\sqrt{10}$, 其中 x_k, y_k 为正整数. 注意到 $\sqrt{10}$ 的偶数次方贡献给 x_k, $\sqrt{10}$ 的奇数次方贡献给 y_k, 对 $(3-\sqrt{10})^{2k+1}$ 用二项展开式或直接乘开, 就可写成 $x_k - y_k\sqrt{10}$. 这样

$$(x_k + y_k\sqrt{10})(x_k - y_k\sqrt{10}) = -1,$$

即 $x_k^2+1=10y_k^2$. 注意到 $5<y_k<2y_k<x_k$, 我们有

$$x_k^2+1 \mid (x_k)!, \quad k=1,2,\cdots.$$

10. 证明: $5^x+12^y=13^z$ 的正整数解只有 $x=y=z=2$.

证明 模 3, $5^x+12^y=13^z$ 变为 $(-1)^x\equiv 1 \pmod 3$. 所以 x 为偶数, 设 $x=2x_1$. 下面分两种情形.

情形 1 $y\geqslant 2$. 模 8, 有

$$13^z=5^x+12^y\equiv 25^{x_1}\equiv 1 \pmod 8.$$

由此得 z 为偶数. 否则 $z=2k+1$,

$$13^z=169^k\cdot 13\equiv 13\equiv 5 \pmod 8.$$

设 $z=2z_1$. 模 5, 有

$$2^y\equiv 12^y\equiv 13^z\equiv(-2)^z\equiv 2^z \pmod 5.$$

由此得 $y\equiv z \pmod 4$. 因此, y 为偶数, 设 $y=2y_1$. 这样

$$5^x=13^{2z_1}-12^{2y_1}=(13^{z_1}-12^{y_1})(13^{z_1}+12^{y_1}).$$

由此可设

$$13^{z_1}-12^{y_1}=5^a, \quad 13^{z_1}+12^{y_1}=5^b.$$

相加得

$$2\cdot 13^{z_1}=5^a+5^b.$$

上式左边不是 5 的倍数, 因此, 右边也不是 5 的倍数. 注意到 $b>a\geqslant 0$, b,a 为整数, 只能 $a=0$. 若 $y_1\geqslant 2$, 则

$$13^{z_1}=12^{y_1}+5^a\equiv 1 \pmod 8.$$

由此得 z_1 为偶数, 设 $z_1=2z_2$, 则

$$12^{y_1}=13^{2z_2}-5^a\equiv(-1)^{2z_2}-1\equiv 0 \pmod 7,$$

与 $7\nmid 12$ 矛盾. 所以, $y_1=1$. 再由 $13^{z_1}-12^{y_1}=5^a=1$ 知, $z_1=1$. 这样, $y=2$, $z=2$. 由 $5^x+12^y=13^z$ 得 $x=2$.

情形 2 $y=1$. $5^x+12^y=13^z$ 变为

$$5^{2x_1}+12=13^z.$$

分别模 5 与模 13, 有

$$3^z \equiv 13^z \equiv 5^{2x_1} + 12 \equiv 2 \pmod 5,$$

$$(-1)^{x_1} + 12 \equiv 0 \pmod{13}.$$

由此得 $z \equiv 3 \pmod 4$ 和 $2 \mid x_1$. 令 $z = 4z_2 + 3$, $x_1 = 2x_2$. 再模 16, 有

$$5^{2x_1} + 12 \equiv 9^{x_1} + 12 \equiv 81^{x_2} + 12 \equiv 13 \pmod{16},$$

$$13^z \equiv (-3)^{4z_2} \cdot (-3)^3 \equiv 81^{z_2} \cdot 5 \equiv 5 \pmod{16},$$

矛盾.

综上, $5^x + 12^y = 13^z$ 的正整数解只有 $x = y = z = 2$.

11. 求方程 $2^x 3^y - 5^z 7^w = 1$ 的全部正整数解.

解　分别模 5, 模 7, 有

$$2^x 3^y \equiv 1 \pmod 5, \quad 2^x 3^y \equiv 1 \pmod 7.$$

因此

$$2^{2x} 3^{2y} \equiv 1 \pmod 5, \quad 2^{3x} 3^{3y} \equiv 1 \pmod 7.$$

由此得

$$(-1)^x (-1)^y \equiv 1 \pmod 5, \quad 1^x (-1)^y \equiv 1 \pmod 7.$$

由后一式知, y 为偶数, 再由前一式知, x 为偶数. 设 $x = 2x_1$, $y = 2y_1$, 则

$$2^{2x_1} 3^{2y_1} - 1 = 5^z 7^w,$$

即

$$(2^{x_1} 3^{y_1} - 1)(2^{x_1} 3^{y_1} + 1) = 5^z 7^w.$$

由于 $(2^{x_1} 3^{y_1} - 1, 2^{x_1} 3^{y_1} + 1) = 1$, $2^{x_1} 3^{y_1} + 1 > 2^{x_1} 3^{y_1} - 1 > 1$ 及 $7^w \equiv 1 \pmod 3$, 故 $2^{x_1} 3^{y_1} - 1 = 5^z$, $2^{x_1} 3^{y_1} + 1 = 7^w$. 由此得 $7^w - 5^z = 2$. 若 $z \geqslant 2$, 则 $7^w = 5^z + 2 \equiv 2 \pmod{25}$. 但 $7^w \equiv \pm 1, \pm 7 \pmod{25}$, 矛盾. 因此, $z = 1$. 从而 $w = 1$. 再由 $2^x 3^y - 5^z 7^w = 1$ 得 $x = y = 2$.

综上, 方程 $2^x 3^y - 5^z 7^w = 1$ 的全部正整数解为 $(x, y, z, w) = (2, 2, 1, 1)$.

12. 设 a, b, c 为两两互素的正整数, 证明:

$$(ab)^{\varphi(c)} + (bc)^{\varphi(a)} + (ca)^{\varphi(b)} \equiv 1 \pmod{abc}.$$

证明　由 $(ab, c) = 1$ 及欧拉定理知

$$(ab)^{\varphi(c)} \equiv 1 \pmod c.$$

又由 $\varphi(a) \geqslant 1, \varphi(b) \geqslant 1$ 知

$$(bc)^{\varphi(a)} + (ca)^{\varphi(b)} \equiv 0 \pmod c.$$

因此

$$(ab)^{\varphi(c)} + (bc)^{\varphi(a)} + (ca)^{\varphi(b)} \equiv 1 \pmod c.$$

同理

$$(ab)^{\varphi(c)} + (bc)^{\varphi(a)} + (ca)^{\varphi(b)} \equiv 1 \pmod a,$$

$$(ab)^{\varphi(c)} + (bc)^{\varphi(a)} + (ca)^{\varphi(b)} \equiv 1 \pmod b.$$

由于 a, b, c 两两互素, 故

$$(ab)^{\varphi(c)} + (bc)^{\varphi(a)} + (ca)^{\varphi(b)} \equiv 1 \pmod{abc}.$$

13. 求方程 $3^x7^y - 2^z5^w = 1$ 的全部正整数解.

解 模 5, 有

$$3^x7^y \equiv 1 \pmod 5.$$

因此

$$3^{2x}7^{2y} \equiv 1 \pmod 5.$$

由此得

$$(-1)^x(-1)^y \equiv 1 \pmod 5.$$

所以, x, y 同奇偶.

情形 1 x, y 同偶. 设 $x = 2x_1$, $y = 2y_1$, 此时原方程变为

$$(3^{x_1}7^{y_1} - 1)(3^{x_1}7^{y_1} + 1) = 2^z5^w.$$

注意到

$$(3^{x_1}7^{y_1} - 1, 3^{x_1}7^{y_1} + 1) = (3^{x_1}7^{y_1} - 1, 2) = 2,$$

$$3^{x_1}7^{y_1} + 1 > 3^{x_1}7^{y_1} - 1 > 2,$$

我们有

$$\begin{cases} 3^{x_1}7^{y_1} - 1 = 2^{z-1}, \\ 3^{x_1}7^{y_1} + 1 = 2 \cdot 5^w \end{cases} \tag{6.2.3}$$

或

$$\begin{cases} 3^{x_1}7^{y_1} - 1 = 2 \cdot 5^w, \\ 3^{x_1}7^{y_1} + 1 = 2^{z-1}. \end{cases} \tag{6.2.4}$$

由于 x_1, y_1 为正整数, 故 $z-1>4$, 即 $z \geqslant 6$.

当 (6.2.3) 成立时, 两式相减, 再除以 2, 得 $5^w - 2^{z-2} = 1$. 模 8 知, w 为偶数. 模 3, 有

$$2^{z-2} = 5^w - 1 \equiv (-1)^w - 1 \equiv 0 \pmod 3,$$

矛盾.

当 (6.2.4) 成立时, 两式相减, 再除以 2, 得 $2^{z-2} - 5^w = 1$. 这样

$$2^{z-2} = 5^w + 1 \equiv 2 \pmod 4,$$

与 $z \geqslant 6$ 矛盾.

情形 2　x, y 同奇. 设 $x = 2x_1 + 1$, $y = 2y_1 + 1$, 原方程模 8, 有

$$2^z 5^w = 3^x 7^y - 1 = 9^{x_1} \cdot 3 \cdot 49^{y_1} \cdot 7 - 1 \equiv 3 \times 7 - 1 \equiv 4 \pmod 8.$$

由此得 $z=2$. 原方程变为 $3^x 7^y - 2^2 5^w = 1$. 模 7, 有 $-2^2 5^w \equiv 1 \pmod 7$. 由此得 $w \equiv 1 \pmod 6$. 由 $\varphi(9)=6$ 及欧拉定理知, $5^w \equiv 5 \pmod 9$. 这样

$$3^x 7^y = 2^2 5^w + 1 \equiv 2^2 5 + 1 \equiv 3 \pmod 9.$$

因此, $x=1$. 原方程变为 $3 \cdot 7^y - 2^2 5^w = 1$. 模 25, 有

$$2^2 5^w = 3 \cdot 7^y - 1 = 3 \cdot (50-1)^{y_1} \cdot 7 - 1 \equiv 20, -22 \pmod{25}.$$

因此, $w=1$. 再由 $3 \cdot 7^y - 2^2 5^w = 1$ 得 $y=1$.

综上, 方程 $3^x 7^y - 2^z 5^w = 1$ 的正整数解只有 $(x,y,z,w) = (1,1,2,1)$.

14. 设 m, n 为正整数, 证明: $(2^m - 1, 2^n - 1) = 2^{(m,n)} - 1$.

证法一　不妨设 $m \geqslant n$. 由辗转相除法知

$$m = nq_1 + r_1, \quad 0 < r_1 < n,$$

$$n = r_1 q_2 + r_2, \quad 0 < r_2 < r_1,$$

$$\cdots\cdots$$

$$r_{k-2} = r_{k-1} q_k + r_k, \quad 0 < r_k < r_{k-1},$$

$$r_{k-1} = r_k q_{k+1}.$$

我们有

$$(m,n) = (nq_1 + r_1, n) = (r_1, n) = (r_1, r_1 q_2 + r_2)$$

$$= (r_1, r_2) = \cdots = (r_k, 0) = r_k.$$

由于

$$\begin{aligned}2^m - 1 &= 2^{nq_1+r_1} - 1 = (2^n - 1 + 1)^{q_1} 2^{r_1} - 1\\ &= ((2^n - 1)K_1 + 1)2^{r_1} - 1 = (2^n - 1)Q_1 + 2^{r_1} - 1,\end{aligned}$$

故

$$(2^m - 1, 2^n - 1) = ((2^n - 1)Q_1 + 2^{r_1} - 1, 2^n - 1) = (2^{r_1} - 1, 2^n - 1).$$

同理

$$\begin{aligned}(2^m - 1, 2^n - 1) &= (2^{r_1} - 1, 2^n - 1) = (2^{r_1} - 1, 2^{r_2} - 1) = \cdots\\ &= (2^{r_k} - 1, 2^0 - 1) = 2^{r_k} - 1 = 2^{(m,n)} - 1.\end{aligned}$$

所以, $(2^m - 1, 2^n - 1) = 2^{(m,n)} - 1$.

证法二 对 $m + n$ 用归纳法. 当 $m + n = 2$ 时, 由 m, n 为正整数知, $m = n = 1$. 因此, $(2^m - 1, 2^n - 1) = 2^{(m,n)} - 1$.

假设对 $m+n < k$ 的正整数 m, n, 有 $(2^m - 1, 2^n - 1) = 2^{(m,n)} - 1$. 当 $m + n = k$ 时, 不妨设 $m \geqslant n$. 若 $m = n$, 则 $(2^m - 1, 2^n - 1) = 2^m - 1 = 2^{(m,n)} - 1$. 下设 $m > n$. 我们有

$$\begin{aligned}(2^m - 1, 2^n - 1) &= ((2^n - 1)2^{m-n} + 2^{m-n} - 1, 2^n - 1)\\ &= (2^{m-n} - 1, 2^n - 1).\end{aligned}$$

根据 $(m - n) + n = m < m + n = k$ 及归纳假设有

$$(2^{m-n} - 1, 2^n - 1) = 2^{(m-n,n)} - 1 = 2^{(m,n)} - 1.$$

因此, 当 $m + n = k$ 时, 结论成立. 由归纳法原理知, 结论对所有正整数 m, n 成立.

证法三 令 $d = (m, n)$, 则 $m = dm_1$, $n = dn_1$. 这样

$$2^m - 1 = ((2^d - 1) + 1)^{m_1} - 1 = (2^d - 1)M, \quad M \in \mathbb{Z}.$$

同理: $2^n - 1 = (2^d - 1)N$ $(N \in \mathbb{Z})$. 这两式说明: $2^d - 1$ 是 $2^m - 1$ 与 $2^n - 1$ 的一个公约数.

现在设 d' 是 $2^m - 1$ 与 $2^n - 1$ 的一个公约数, 则 $(d', 2) = 1$. 设 2 模 d' 的阶为 r, 则由阶的性质及 $d' \mid 2^m - 1$, $d' \mid 2^n - 1$ 知, $r \mid m$, $r \mid n$. 由最大公约数的定义知, $r \leqslant (m, n)$. 注意到 2 模 d' 的阶为 r, 有 $d' \mid 2^r - 1$. 从而

$$d' \leqslant 2^r - 1 \leqslant 2^{(m,n)} - 1.$$

由最大公约数的定义知, 2^d-1 是 2^m-1 与 2^n-1 的最大公约数, 即

$$(2^m-1,2^n-1)=2^d-1=2^{(m,n)}-1.$$

证法四 令 $d=(m,n)$, 则 $m=dm_1$, $n=dn_1$. 这样

$$2^m-1=((2^d-1)+1)^{m_1}-1=(2^d-1)M,\quad M\in\mathbb{Z}. \tag{6.2.5}$$

同理: $2^n-1=(2^d-1)N$ ($N\in\mathbb{Z}$). 这两式说明: 2^d-1 是 2^m-1 与 2^n-1 的一个公约数.

现在设 d' 是 2^m-1 与 2^n-1 的一个公约数. 由裴蜀定理知, 存在整数 u,v, 使得 $um+vn=d$. 注意到 $(u+nt)m-(-v+mt)n=um+vn=d$, 取整数 t, 使得 $u+nt>0$, $-v+mt>0$. 令 $a=u+nt$, $b=-v+mt$, 则 $a>0,b>0$, $am-bn=d$. 这样

$$2^{am}-1=2^{bn+d}-1=(2^{bn}-1)2^d+2^d-1.$$

同 (6.2.5) 的讨论有

$$2^{am}-1=(2^m-1)K,\quad 2^{bn}-1=(2^n-1)L,\quad K,L\in\mathbb{Z}.$$

因此

$$(2^m-1)K=(2^n-1)L2^d+2^d-1.$$

由于

$$d'\mid 2^m-1,\quad d'\mid 2^n-1,$$

故 $d'\mid 2^d-1$. 从而, $d'\leqslant 2^d-1$.

由最大公约数的定义知, 2^d-1 是 2^m-1 与 2^n-1 的最大公约数, 即

$$(2^m-1,2^n-1)=2^d-1=2^{(m,n)}-1.$$

15. 设 m 为正整数, $a_1,\cdots,a_k$ 为整数, 对于每一个整数 n, 总存在唯一的下标 $1\leqslant i\leqslant k$, 使得 $n\equiv a_i \pmod m$, 证明: $k=m$ 且 $a_1,\cdots,a_k$ 是模 m 的完全剩余系.

证明 对于 $0\leqslant r\leqslant m-1$, 总存在唯一的下标 $1\leqslant i_r\leqslant k$, 使得 $r\equiv a_{i_r} \pmod m$. 这样, m 个数 $a_{i_0},\cdots,a_{i_{m-1}}$ 被 m 除, 余数正好是 $0,1,\cdots,m-1$. 因此, $a_{i_0},\cdots,a_{i_{m-1}}$ 是模 m 的一个完全剩余系. 从而, 对 $1\leqslant j\leqslant k$, 存在 a_{i_u}, 使得 $a_j\equiv a_{i_u} \pmod m$. 取 $n=a_j$, 由条件知, $j=i_u$. 因此, $\{1,\cdots,k\}=\{i_0,\cdots,i_{m-1}\}$. 所以, $k=m$ 且 $a_1,\cdots,a_k$ 是模 m 的完全剩余系.

16. 设 $m_1, \cdots, m_n$ 为两两互素的正整数, $M = m_1 \cdots m_n = m_i M_i$ $(1 \leqslant i \leqslant n)$, 证明: 当 $x_1, \cdots, x_n$ 分别通过模 $m_1, \cdots, m_n$ 的完全剩余系时, $M_1 x_1 + \cdots + M_n x_n$ 通过模 M 的一个完全剩余系.

证明 当 $x_1, \cdots, x_n$ 分别通过模 $m_1, \cdots, m_n$ 的完全剩余系时, $M_1 x_1 + \cdots + M_n x_n$ 通过 $m_1 \cdots m_n (= M)$ 个数 (目前没有排除它们有可能相同). 要证: 这 M 个数构成模 M 的一个完全剩余系, 根据完全剩余系的定义, 只要证明它们模 M 两两不同余.

设 x_i 与 x_i' 在模 m_i 的一个完全剩余系中 $(1 \leqslant i \leqslant n)$,

$$M_1 x_1 + \cdots + M_n x_n \equiv M_1 x_1' + \cdots + M_n x_n' \pmod M,$$

则

$$M_1 x_1 + \cdots + M_n x_n \equiv M_1 x_1' + \cdots + M_n x_n' \pmod{m_1}.$$

注意到 $m_1 \mid M_i$ $(2 \leqslant i \leqslant n)$, 我们有

$$M_1 x_1 \equiv M_1 x_1' \pmod{m_1}.$$

又

$$(M_1, m_1) = (m_2 \cdots m_n, m_1) = 1,$$

故 $x_1 \equiv x_1' \pmod{m_1}$. 由于 x_1 与 x_1' 在模 m_1 的一个完全剩余系中, 故 $x_1 = x_1'$. 同理: $x_i = x_i'$ $(2 \leqslant i \leqslant n)$. 这就证明了: 当 $x_1, \cdots, x_n$ 分别通过模 $m_1, \cdots, m_n$ 的完全剩余系时, $M_1 x_1 + \cdots + M_n x_n$ 通过模 M 的一个完全剩余系.

17. 证明: 对任何正整数 n, 总有 $\sigma(n) \leqslant n d(n)$ 及 $\sigma(n) \leqslant n \log d(n) + n$, 这里 $\sigma(n)$ 为 n 的所有正因数之和, $d(n)$ 为 n 的正因数的个数, $d(n)$ 表示 n 的自然对数.

证明 设 $d_1, \cdots, d_m$ 为 n 的全部正因数, $d_1 < \cdots < d_m$, 则 $m = d(n)$. 这样

$$\sigma(n) = d_1 + \cdots + d_m \leqslant nm = nd(n).$$

由 $d_1, \cdots, d_m$ 为 n 的正因数知

$$\frac{n}{d_1}, \cdots, \frac{n}{d_m} \tag{6.2.6}$$

也均是 n 的正因数, 且两两不同, 即 (6.2.6) 是 n 的 m 个不同的正因数. 而 n 的全部正因数只有 m 个, 故 (6.2.6) 为 n 的全部正因数.

由 $d_1 < \cdots < d_m$ 知, $d_i \geqslant i$ $(1 \leqslant i \leqslant m)$. 因此

$$\sigma(n) = \frac{n}{d_1} + \cdots + \frac{n}{d_m}$$

$$
\begin{aligned}
&\leqslant n\left(1+\frac{1}{2}+\frac{1}{3}+\cdots+\frac{1}{m}\right)\\
&\leqslant n\left(1+\int_1^2\frac{1}{x}\mathrm{d}x+\int_2^3\frac{1}{x}\mathrm{d}x+\cdots+\int_{m-1}^m\frac{1}{x}\mathrm{d}x\right)\\
&=n\left(1+\int_1^m\frac{1}{x}\mathrm{d}x\right)\\
&=n(1+\log m)=n\log m+n=n\log d(n)+n.
\end{aligned}
$$

18. 设 a,n 均为大于 1 的整数, a^n-1 为素数, 证明: $a=2$, n 为素数.

证明　设 u 为 n 的大于 1 的一个因数, $n=uv$. 由于 a^n-1 为素数,

$$a^n-1=(a^v)^u-1=(a^v-1)(a^{v(u-1)}+a^{v(u-2)}+\cdots+a^v+1),$$

$$a^{v(u-1)}+a^{v(u-2)}+\cdots+a^v+1>1,$$

故 $a^v-1=1$, 即 $a^v=2$. 因此, $a=2$, $v=1$. 从而 $u=n$. 所以, n 为素数.

19. 设 m 为正整数, 2^m+1 为素数, 证明: $m=2^n$, 其中 n 为非负整数.

证明　设 $m=2^nk$, 其中 n 为非负整数, k 为奇数. 由

$$2^{2^n}\equiv -1 \pmod{2^{2^n}+1}$$

知

$$2^m+1=\left(2^{2^n}\right)^k+1\equiv(-1)^k+1\equiv 0 \pmod{2^{2^n}+1}.$$

又 2^m+1 为素数, $2^{2^n}+1>1$, 故

$$2^{2^n}+1=2^m+1,$$

即 $m=2^n$.

20. 设 a 为整数, p 为素数, $p\mid a^p-1$, 证明: $p^2\mid a^p-1$.

证明　由费马小定理知

$$a^p-1\equiv a-1 \pmod p.$$

由于 $p\mid a^p-1$, 故 $a-1\equiv 0 \pmod p$, 即 $a\equiv 1 \pmod p$. 注意到

$$a^p-1=(a-1)(a^{p-1}+a^{p-2}+\cdots+a+1),$$

$$a^{p-1}+a^{p-2}+\cdots+a+1\equiv 1^{p-1}+1^{p-2}+\cdots+1+1\equiv p\equiv 0 \pmod p,$$

有 $p^2\mid a^p-1$.

21. 设 p 为素数, 证明: 存在无穷多个正整数 n, 使得 $p \mid 2^n - n$.

证明 若 $p = 2$, 则对于正偶数 n, 均有 $p \mid 2^n - n$. 下设 $p \geqslant 3$. 对于正整数 k, 由费马小定理知, $p \mid (2^k)^{p-1} - 1$, 即 $p \mid 2^{(p-1)k} - 1$. 取 $n = (p-1)k$. 只要证明存在无穷多个正整数 k, 使得

$$p \mid 2^{(p-1)k} - (p-1)k,$$

即

$$p \mid 2^{(p-1)k} - 1 + 1 - (p-1)k,$$

即 $p \mid 1 + k$. 取 $k = pl - 1$ $(l = 1, 2, \cdots)$ 即可.

综上, 对于 $n = (p-1)(pl-1)$ $(l = 1, 2, \cdots)$, 均有 $p \mid 2^n - n$.

22. 证明: 对任给定的正整数 n, 总存在 n 个连续的正整数, 它们中的每一个数都有形如 $m^2 + 1$ 的因数, 其中 m 为大于 1 的整数.

证明 令

$$m_1 = 2^2 + 1, \quad m_i = (m_1 \cdots m_{i-1})^2 + 1, \quad i = 2, 3, \cdots,$$

则 $m_1, m_2, \cdots$ 两两互素. 由中国剩余定理知, 存在正整数 a, 使得

$$a \equiv -i \pmod{m_i}, \quad 1 \leqslant i \leqslant n,$$

即 $m_i \mid a + i$ $(1 \leqslant i \leqslant n)$. 这就证明了: $a+1, a+2, \cdots, a+n$ 均有形如 $m^2 + 1$ 的因数.

23. 设 p 是奇素数, 证明: $x^{p-1} - 1 - (x-1)(x-2)\cdots(x-p+1)$ 是次数 $< p-1$ 且系数均为 p 的倍数的多项式. 并由此证明威尔逊定理: $(p-1)! \equiv -1 \pmod{p}$.

证明 由于 $x^{p-1} - 1 - (x-1)(x-2)\cdots(x-p+1)$ 的 x^{p-1} 的系数为 0, 常数项为 $-1-(-1)^{p-1}(p-1)!$, 不是 0, 故 $x^{p-1} - 1 - (x-1)(x-2)\cdots(x-p+1)$ 是次数 $< p-1$ 的整系数多项式. 假设多项式 $x^{p-1} - 1 - (x-1)(x-2)\cdots(x-p+1)$ 的系数不全是 p 的倍数, 则

$$x^{p-1} - 1 - (x-1)(x-2)\cdots(x-p+1) \equiv 0 \pmod{p} \tag{6.2.7}$$

是模 p 的次数 $< p-1$ 的同余方程. 从而, 它的解数 $< p-1$. 另一方面, 对于任何整数 $1 \leqslant a \leqslant p-1$, 由费马小定理知

$$a^{p-1} - 1 - (a-1)(a-2)\cdots(a-p+1) \equiv a^{p-1} - 1 \equiv 0 \pmod{p},$$

即同余方程 (6.2.7) 至少有 $p-1$ 个解, 矛盾. 所以, $x^{p-1}-1-(x-1)(x-2)\cdots(x-p+1)$ 的系数均是 p 的倍数. 特别地, 它的常数项 $-1-(-1)^{p-1}(p-1)!$ 是 p 的倍数, 即 $(p-1)!\equiv -1 \pmod p$.

24. 设 a 是任给定的非零整数, 是否一定存在无穷多个素数 p, 使得 a 是 p 的二次剩余?

解 对于整数 $n>|a|$, 设 m_n 是不超过 n 的所有与 a 互素的正整数之积. 由 $(|a|+1,a)=1$ 知, $m_n\geqslant |a|+1$. 这样, $m_n^2-a\geqslant (|a|+1)^2-a>1$. 设 p 是 m_n^2-a 的一个素因子, 则 $p>n$, $(p,a)=1$, 并且 a 是 p 的二次剩余. 由 n 可任意大知, 存在无穷多个素数 p, 使得 a 是 p 的二次剩余.

25. 设 a 是任给定的整数, $a\equiv 2 \pmod 4$, 是否一定存在无穷多个素数 p, 使得 a 是 p 的二次非剩余?

解 对于整数 $n>|a|$, 设 m_n 是不超过 n 的所有与 a 互素的正整数之积, 则 m_n 为奇数. 由于 $m_n^2+a\equiv 3 \pmod 4$, 故存在 m_n^2+a 的素因子 $p\equiv 3 \pmod 4$. 由 $(m_n,a)=1$ 知, $(p,a)=1$. 根据 $m_n^2\equiv -a \pmod p$ 知, $-a$ 是 p 的二次剩余. 注意到 $p\equiv 3 \pmod 4$, 我们有 -1 是 p 的二次非剩余. 所以, $a=(-1)(-a)$ 是 p 的二次非剩余. 由 m_n 的定义知, $p>n$. 再由 n 可任意大知, 存在无穷多个素数 p, 使得 a 是 p 的二次非剩余.

26. 试定出以 $-3,5$ 均为二次剩余的所有大于 5 的素数.

解 设 p 为素数, $p>5$, p 以 $-3,5$ 均为二次剩余当且仅当

$$\left(\frac{-3}{p}\right)=1,\quad \left(\frac{5}{p}\right)=1.$$

由二次互反律及

$$\left(\frac{-1}{p}\right)=(-1)^{\frac{1}{2}(p-1)}$$

知

$$\left(\frac{-3}{p}\right)=(-1)^{\frac{1}{2}(p-1)}\left(\frac{3}{p}\right)=(-1)^{\frac{p-1}{2}}(-1)^{\frac{3-1}{2}\frac{p-1}{2}}\left(\frac{p}{3}\right)$$
$$=\left(\frac{p}{3}\right)=\begin{cases}1, & p\equiv 1 \pmod 3,\\ -1, & p\equiv 2 \pmod 3,\end{cases}$$

$$\left(\frac{5}{p}\right)=\left(\frac{p}{5}\right)=\begin{cases}1, & p\equiv \pm 1 \pmod 5,\\ -1, & p\equiv \pm 2 \pmod 5.\end{cases}$$

因此, p 以 $-3,5$ 均为二次剩余当且仅当 $p\equiv 1 \pmod 3$, $p\equiv \pm 1 \pmod 5$, 即 $p\equiv 1,4 \pmod{15}$.

27. 试确定所有能表示成 a^2+2b^2 的素数, 其中 a,b 是整数.

解 $2=0^2+2\times 1^2$, 即 2 能表示成 a^2+2b^2, 其中 a,b 是整数.

设 p 是奇素数, 如果存在整数 a,b, 使得 $p=a^2+2b^2$, 那么 $p\nmid ab$. 这样

$$1=\left(\frac{a^2}{p}\right)=\left(\frac{p-2b^2}{p}\right)=\left(\frac{-2}{p}\right)=\left(\frac{-1}{p}\right)\left(\frac{2}{p}\right).$$

由于

$$\left(\frac{-1}{p}\right)=\begin{cases}1, & p\equiv 1 \pmod 4,\\ -1, & p\equiv 3 \pmod 4,\end{cases}$$

$$\left(\frac{2}{p}\right)=\begin{cases}1, & p\equiv 1,7 \pmod 8,\\ -1, & p\equiv 3,5 \pmod 8,\end{cases}$$

故 $p\equiv 1,3 \pmod 8$.

反过来, 设 p 是素数, $p\equiv 1,3 \pmod 8$, 则

$$\left(\frac{-2}{p}\right)=\left(\frac{-1}{p}\right)\left(\frac{2}{p}\right)=1,$$

即 -2 是 p 的二次剩余. 从而存在整数 l, 使得 $l^2\equiv -2 \pmod p$. 考虑形如 $u+vl$ $(0\leqslant u,v\leqslant \sqrt{p})$ 的整数, 形式上有 $([\sqrt{p}]+1)^2$ 个数. 由于 $([\sqrt{p}]+1)^2>p$, 故存在两组数 $\{u_1,v_1\},\{u_2,v_2\}$, $0\leqslant u_1,u_2,v_1,v_2\leqslant \sqrt{p}$, $u_1\neq u_2$ 或 $v_1\neq v_2$, 使得

$$u_1+v_1l\equiv u_2+v_2l \pmod p.$$

令 $u=u_1-u_2$, $v=v_2-v_1$, 则 u,v 不全为 0, 并且 $u\equiv vl \pmod p$. 这样

$$u^2+2v^2\equiv (vl)^2+2v^2\equiv v^2(l^2+2)\equiv 0 \pmod p.$$

由 p 是素数知, $0\leqslant u_1,u_2,v_1,v_2<\sqrt{p}$. 从而, $|u|<\sqrt{p}$, $|v|<\sqrt{p}$. 因此, $0<u^2+2v^2<3p$. 所以, $u^2+2v^2=p$ 或 $2p$. 若 $u^2+2v^2=p$, 则取 $a=u,b=v$ 即可. 若 $u^2+2v^2=2p$, 则 u 为偶数, 取 $a=v,b=u/2$ 即可.

综上, 所有能表示成 a^2+2b^2 的素数是 2 或满足 $p\equiv 1,3 \pmod 8$ 的素数.

28. 试确定所有能表示成 $2a^2-b^2$ 的素数, 其中 a,b 是整数.

解 我们有 $2=2\times 1^2-0^2$, 即 2 能表示成 $2a^2-b^2$, 其中 a,b 是整数.

现设 p 是奇素数, 假设存在整数 a,b, 使得 $p=2a^2-b^2$, 则 $p\nmid ab$. 这样

$$1=\left(\frac{b^2}{p}\right)=\left(\frac{2a^2-p}{p}\right)=\left(\frac{2a^2}{p}\right)=\left(\frac{2}{p}\right).$$

因此, $p\equiv\pm1 \pmod 8$.

反过来, 设 p 是素数, $p\equiv\pm1 \pmod 8$, 即 2 是 p 的二次剩余. 从而存在整数 l, 使得 $l^2\equiv 2 \pmod p$. 考虑形如 $ul+v$ $(0\leqslant u,v\leqslant\sqrt{p})$ 的整数, 形式上有 $([\sqrt{p}]+1)^2$ 个数. 由于 $([\sqrt{p}]+1)^2>p$, 故存在两组数 $\{u_1,v_1\},\{u_2,v_2\}$, $0\leqslant u_1,u_2,v_1,v_2\leqslant\sqrt{p}$, $u_1\neq u_2$ 或 $v_1\neq v_2$, 使得

$$u_1l+v_1\equiv u_2l+v_2 \pmod p.$$

令 $u=u_1-u_2$, $v=v_2-v_1$, 则 u,v 不全为 0, 并且 $ul\equiv v \pmod p$. 这样

$$2u^2-v^2\equiv 2u^2-(lu)^2\equiv u^2(2-l^2)\equiv 0 \pmod p.$$

注意到 $|u|\leqslant\sqrt{p}$, $|v|\leqslant\sqrt{p}$, p 为素数, 我们有 $|u|<\sqrt{p}$, $|v|<\sqrt{p}$. 因此, $-p<2u^2-v^2<2p$. 由此得 $2u^2-v^2=0$ 或 p. 若 $2u^2-v^2=0$, 则由 u,v 不全为 0 知, u,v 均不为 0. 由 $2u^2-v^2=0$ 知, $\sqrt{2}$ 为有理数, 矛盾. 所以, $2u^2-v^2=p$. 取 $a=u,b=v$ 即可.

综上, 所有能表示成 $2a^2-b^2$ 的素数是 2 或满足 $p\equiv\pm1 \pmod 8$ 的素数.

29. 设 n 为正整数, 证明: n 能表示成三个整数的平方和的充要条件是 $4n$ 能表示成三个整数的平方和.

证明 先证必要性. 设 n 能表示成三个整数的平方和: $n=a^2+b^2+c^2$, 则 $4n=(2a)^2+(2b)^2+(2c)^2$.

再证充分性. 设 $4n$ 能表示成三个整数的平方和: $4n=u^2+v^2+w^2$. 假设 u,v,w 不全为偶数. 由于奇数的平方被 4 除, 余数为 1, 偶数的平方被 4 除, 余数为 0, 故 $u^2+v^2+w^2$ 被 4 除, 余数只可能为 $1,2,3$, 与 $4n=u^2+v^2+w^2$ 矛盾. 因此, u,v,w 均为偶数. 令 $u=2u_1$, $v=2v_1$, $w=2w_1$, 代入 $4n=u^2+v^2+w^2$ 得 $n=u_1^2+v_1^2+w_1^2$.

30. 设 a 为正整数, n 为大于 1 的整数, $(n,a-1)=1$, 证明: $n\nmid a^n-1$.

证明 假设存在大于 1 的整数 n, $(n,a-1)=1$, 使得 $n\mid a^n-1$. 设 m 是这样的 n 中最小的一个. 由 $m\mid a^m-1$ 知, $(m,a)=1$. 设 a 模 m 的阶为 r, 则 $m\mid a^r-1$, $r\mid\varphi(m)$. 由 $m\mid a^m-1$ 知, $r\mid m$. 由 $r\mid m$, $m\mid a^r-1$ 得 $r\mid a^r-1$. 注意到 $r\mid\varphi(m)$, 有 $r\leqslant\varphi(m)<m$. 由 $(m,a-1)=1$ 及 $r\mid m$ 知, $(r,a-1)=1$. 由 $(m,a-1)=1$, $m\mid a^r-1$ 知, $r\neq 1$. 到目前为止, 我们有 $1<r<m$, $(r,a-1)=1$, $r\mid a^r-1$, 与 m 的最小性矛盾. 所以, $n\nmid a^n-1$.

31. 设 a 为非零整数, p, q 均是奇素数, $4a \mid p-q$, 证明: a 是 p 的二次剩余当且仅当 a 是 q 的二次剩余.

证明 只要证明:

$$\left(\frac{a}{p}\right)=\left(\frac{a}{q}\right).$$

由 $4a \mid p-q$ 知, -1 是 p 的二次剩余当且仅当 -1 是 q 的二次剩余, 即

$$\left(\frac{-1}{p}\right)=\left(\frac{-1}{q}\right).$$

因此

$$\left(\frac{a}{p}\right)=\left(\frac{a}{q}\right)$$

等价于

$$\left(\frac{-a}{p}\right)=\left(\frac{-a}{q}\right).$$

所以, 不妨设 $a>0$. 由算术基本定理知, a 可表示成一些素数之积:

$$a=p_1\cdots p_s,$$

这里 $p_1,\cdots,p_s$ 是素数 (可相等). 给定 $1 \leqslant i \leqslant s$. 由 $4a \mid p-q$ 知, $4p_i \mid p-q$. 如果 $p_i=2$, 那么 $8 \mid p-q$. 因此

$$\left(\frac{p_i}{p}\right)=\left(\frac{2}{p}\right)=\left(\frac{2}{q}\right)=\left(\frac{p_i}{q}\right).$$

由 $4p_i \mid p-q$ 知, $p_i=p$ 的充要条件是 $p_i=q$. 当 $p_i=p$ 时, $p_i=q$ 且

$$\left(\frac{p_i}{p}\right)=0=\left(\frac{p_i}{q}\right).$$

下设 $p_i \geqslant 3$, $p_i \neq p, q$. 根据二次互反律及 $4p_i \mid p-q$ 知

$$\begin{aligned}\left(\frac{p_i}{p}\right)&=(-1)^{\frac{p_i-1}{2}\frac{p-1}{2}}\left(\frac{p}{p_i}\right)\\&=(-1)^{\frac{p_i-1}{2}\frac{p-1}{2}}\left(\frac{q}{p_i}\right)\\&=(-1)^{\frac{p_i-1}{2}\frac{p-1}{2}}(-1)^{\frac{p_i-1}{2}\frac{q-1}{2}}\left(\frac{p_i}{q}\right)\end{aligned}$$

$$= (-1)^{\frac{p_i-1}{2}\frac{p-1}{2}}(-1)^{-\frac{p_i-1}{2}\frac{q-1}{2}}\left(\frac{p_i}{q}\right)$$
$$= (-1)^{\frac{p_i-1}{2}\frac{p-q}{2}}\left(\frac{p_i}{q}\right)$$
$$= \left(\frac{p_i}{q}\right).$$

所以

$$\left(\frac{a}{p}\right) = \left(\frac{p_1}{p}\right)\cdots\left(\frac{p_s}{p}\right) = \left(\frac{p_1}{q}\right)\cdots\left(\frac{p_s}{q}\right) = \left(\frac{a}{q}\right).$$

32. 试确定所有能表示成 a^2-2b^2 的素数, 其中 a,b 是整数.

解　我们有 $2=2^2-2\times 1^2$, 即 2 可以表示成 a^2-2b^2 的形式.

设 p 是奇素数, 假设存在整数 a,b, 使得 $p=a^2-2b^2$, 则 $p\nmid ab$. 这样

$$1=\left(\frac{a^2}{p}\right)=\left(\frac{p+2b^2}{p}\right)=\left(\frac{2b^2}{p}\right)=\left(\frac{2}{p}\right).$$

因此, $p\equiv \pm 1 \pmod 8$.

反过来, 设 p 是素数, $p\equiv\pm 1 \pmod 8$, 即 2 是 p 的二次剩余. 从而存在整数 l, 使得 $l^2\equiv 2 \pmod p$. 考虑形如 $u+vl$ $(0\leqslant u\leqslant\sqrt{2p}, 0\leqslant v\leqslant\sqrt{p/2})$ 的整数, 形式上有

$$([\sqrt{2p}]+1)([\sqrt{p/2}]+1)$$

个数. 由于

$$([\sqrt{2p}]+1)([\sqrt{p/2}]+1)>p,$$

故存在两组数 $\{u_1,v_1\},\{u_2,v_2\}$, $0\leqslant u_1,u_2\leqslant\sqrt{2p}$, $0\leqslant v_1,v_2\leqslant\sqrt{p/2}$, $u_1\neq u_2$ 或 $v_1\neq v_2$, 使得

$$u_1+v_1l\equiv u_2+v_2l \pmod p.$$

令 $u=u_1-u_2$, $v=v_2-v_1$, 则 u,v 不全为 0, 并且 $u\equiv vl \pmod p$. 这样

$$u^2-2v^2\equiv (vl)^2-2v^2\equiv v^2(l^2-2)\equiv 0 \pmod p.$$

注意到 $|u|\leqslant\sqrt{2p}$, $|v|\leqslant\sqrt{p/2}$, p 为奇素数, 我们有 $|u|<\sqrt{2p}$, $|v|<\sqrt{p/2}$. 因此

$$-p<-2v^2\leqslant u^2-2v^2\leqslant u^2<2p.$$

由此得 $u^2-2v^2=0$ 或 p. 若 $u^2-2v^2=0$, 则由 u,v 不全为 0 知, u,v 均不为 0. 由 $u^2-2v^2=0$ 知, $\sqrt{2}$ 为有理数, 矛盾. 所以, $u^2-2v^2=p$. 取 $a=u,b=v$ 即可.

综上, 所有能表示成 a^2-2b^2 的素数是 2 或满足 $p\equiv\pm1 \pmod 8$ 的素数.

33. 设 p 是奇素数, $p-1$ 的全部不同素因数为 $p_1,\cdots,p_t$, a 为整数, $p\nmid a$,

$$a^{\frac{p-1}{p_i}}\not\equiv 1 \pmod p,\quad i=1,\cdots,t,$$

证明: a 是 p 的原根.

证明 假设 a 不是 p 的原根, 则 a 模 p 的阶为 $r<p-1$. 这样, $(p-1)/r>1$. 由于 $(p-1)/r$ 的素因子也是 $p-1$ 的素因子, 故存在 $1\leqslant j\leqslant t$, 使得 $p_j\mid(p-1)/r$. 由此得

$$r\mid\frac{p-1}{p_j}.$$

这样

$$a^{\frac{p-1}{p_j}}\equiv 1 \pmod p,$$

矛盾. 所以, a 是 p 的原根.

34. 证明: $x^2-13y^2=-1$ 有无穷多组正整数解.

证明 依次将 $y=1,2,\cdots$ 代入 $13y^2-1$ 知, $y=5$ 时, $13y^2-1$ 是平方数, $13\times5^2-1=18^2$, 即

$$(18+5\sqrt{13})(18-5\sqrt{13})=-1.$$

对于正奇数 $2n+1$, 有

$$(18+5\sqrt{13})^{2n+1}(18-5\sqrt{13})^{2n+1}=(-1)^{2n+1}=-1.$$

对 $(18+5\sqrt{13})^{2n+1}$ 用二项展开式或直接乘开, 写成 $x_n+y_n\sqrt{13}$, 其中 x_n,y_n 为正整数. 注意到 $\sqrt{13}$ 的偶数次方贡献给 x_n, $\sqrt{13}$ 的奇数次方贡献给 y_n, 对 $(18-5\sqrt{13})^{2n+1}$ 用二项展开式或直接乘开, 就可写成 $x_n-y_n\sqrt{13}$. 这样

$$(x_n+y_n\sqrt{13})(x_n-y_n\sqrt{13})=-1,$$

即 $x_n^2-13y_n^2=-1$. 这就证明了: $x^2-13y^2=-1$ 有无穷多组正整数解 (x_n,y_n) $(n=1,2,\cdots)$.

35. 设 a,b,c 为给定的正整数, $(a,b)=1$, 证明: 不定方程 $ax+by=c$ 的非负整数解的个数为

$$\left[\frac{c}{ab}\right] \text{ 或 } \left[\frac{c}{ab}\right]+1,$$

其中 $[y]$ 表示实数 y 的整数部分.

证明 由 $(a,b)=1$ 知, 不定方程 $ax+by=c$ 有整数解, 设其一般解为

$$x=x_0+bt,\quad y=y_0-at,\quad t\in\mathbb{Z}.$$

不定方程 $ax+by=c$ 的非负整数解的个数就是满足

$$x_0+bt\geqslant 0,\quad y_0-at\geqslant 0$$

的整数 t 的个数, 即满足

$$-\frac{x_0}{b}\leqslant t\leqslant \frac{y_0}{a} \tag{6.2.8}$$

的整数 t 的个数. 设 k,l 是满足下列条件的整数

$$k<-\frac{x_0}{b}\leqslant k+1,\quad l\leqslant \frac{y_0}{a}<l+1,$$

则满足 (6.2.8) 的整数 t 的个数为 $l-k$. 注意到

$$l-k>\frac{y_0}{a}-1+\frac{x_0}{b}=\frac{by_0+ax_0}{ab}-1=\frac{c}{ab}-1\geqslant\left[\frac{c}{ab}\right]-1,$$

$$l-k\leqslant\frac{y_0}{a}+\frac{x_0}{b}+1=\frac{by_0+ax_0}{ab}+1=\frac{c}{ab}+1,$$

有

$$\left[\frac{c}{ab}\right]\leqslant l-k\leqslant\left[\frac{c}{ab}\right]+1.$$

综上, 不定方程 $ax+by=c$ 的非负整数解的个数为

$$\left[\frac{c}{ab}\right]\ \text{或}\ \left[\frac{c}{ab}\right]+1.$$

36. 设 n 为正整数, 证明: $n!(n+1)!\mid(2n)!$.

附注 本题是第 1 题的特例.

证法一 由于组合数

$$\mathrm{C}_{2n}^{n}=\frac{(2n)!}{n!n!},\quad \mathrm{C}_{2n}^{n-1}=\frac{(2n)!}{(n-1)!(n+1)!}$$

均是整数, 故 $n!n!\mid(2n)!$, $(n-1)!(n+1)!\mid(2n)!$. 因此

$$n!(n+1)!\mid(2n)!(n+1),\quad n!(n+1)!\mid(2n)!n.$$

从而

$$n!(n+1)!\mid((2n)!(n+1),(2n)!n).$$

又

$$((2n)!(n+1),(2n)!n)=(2n)!(n+1,n)=(2n)!,$$

故 $n!(n+1)! \mid (2n)!$.

证法二 设 p 为任给定的素数, p 在 $n!(n+1)!$ 的标准分解式中的幂次为

$$\sum_{k=1}^{\infty}\left[\frac{n}{p^k}\right]+\sum_{k=1}^{\infty}\left[\frac{n+1}{p^k}\right],$$

p 在 $(2n)!$ 的标准分解式中的幂次为

$$\sum_{k=1}^{\infty}\left[\frac{2n}{p^k}\right].$$

要证明 $n!(n+1)! \mid (2n)!$, 只要证明: 对任何正整数 k, 有

$$\left[\frac{n}{p^k}\right]+\left[\frac{n+1}{p^k}\right]\leqslant\left[\frac{2n}{p^k}\right]. \tag{6.2.9}$$

由带余除法定理知, 存在整数 q_k 及 r_k, 使得

$$n=p^kq_k+r_k,\quad 0\leqslant r_k<p^k.$$

若 $r_k<p^k-1$, 则

$$n+1=p^kq_k+r_k+1,\quad 0<r_k+1<p^k,$$

$$2n=p^k2q_k+2r_k,\quad 2r_k\geqslant 0,$$

此时

$$\left[\frac{n}{p^k}\right]+\left[\frac{n+1}{p^k}\right]=2q_k\leqslant\left[\frac{2n}{p^k}\right].$$

若 $r_k=p^k-1$, 则

$$n+1=p^k(q_k+1),\quad 2n=p^k(2q_k+1)+p^k-2.$$

此时

$$\left[\frac{n}{p^k}\right]+\left[\frac{n+1}{p^k}\right]=2q_k+1=\left[\frac{2n}{p^k}\right].$$

无论何种情况, 都有 (6.2.9) 成立. 所以, $n!(n+1)! \mid (2n)!$.

37. 设 a,b 为整数, p 为奇素数, 证明: $p \mid a^{p-2}-b^{p-2}$ 当且仅当 $p \mid a-b$.

证明 充分性由 $a-b \mid a^{p-2}-b^{p-2}$ 即得.

现证必要性. 设 $p \mid a^{p-2}-b^{p-2}$. 若 $p \mid a$, 则由 $p \geqslant 3$ 及 $p \mid a^{p-2}-b^{p-2}$ 知, $p \mid b$. 此时, $p \mid a-b$. 同理: 若 $p \mid b$, 则 $p \mid a-b$. 下设 $p \nmid ab$. 根据费马小定理, 有

$$ab(a^{p-2}-b^{p-2})=ba^{p-1}-ab^{p-1}\equiv b-a \pmod p.$$

再由 $p \mid a^{p-2}-b^{p-2}$ 知, $p \mid a-b$.

38. 设 m 为大于 2 的整数, 证明:

(1) 存在无穷多个正整数 a, 使得 $m \mid \varphi(a)$;

(2) 存在无穷多个正整数 b, 使得 $m \nmid \varphi(b)$.

证明 (1) 设 m 的标准分解式为

$$m=p_1^{\alpha_1}\cdots p_t^{\alpha_t},$$

则对任何正整数 k,

$$\varphi\left(p_1^{\alpha_1+k}\cdots p_t^{\alpha_t+k}\right)=p_1^{\alpha_1+k-1}\cdots p_t^{\alpha_t+k-1}(p_1-1)\cdots(p_t-1)$$

能被 m 整除.

(2) 对任何正整数 k, 有

$$\varphi(2^k)=2^{k-1},\quad \varphi(3^k)=2\cdot 3^{k-1}.$$

如果 m 不是 2 的方幂, 那么对任何正整数 k, 有 $m \nmid \varphi(2^k)$. 如果 m 是 2 的方幂, 那么由 m 为大于 2 的整数知, 对任何正整数 k, 有 $m \nmid \varphi(3^k)$.

39. 证明: 对于实数 $x \geqslant 1$, 总有

$$\sum_{1\leqslant n\leqslant x}\mu(n)\left[\frac{x}{n}\right]=1,$$

这里求和表示对不超过 x 的所有正整数求和, $\mu(n)$ 为默比乌斯函数, $[y]$ 表示实数 y 的整数部分.

证明 我们有

$$\begin{aligned}&\sum_{1\leqslant n\leqslant x}\mu(n)\left[\frac{x}{n}\right]\\=&\sum_{1\leqslant n\leqslant x}\mu(n)\sum_{m\leqslant x/n}1\end{aligned}$$

$$= \sum_{1\leqslant n\leqslant x} \mu(n) \sum_{mn\leqslant x} 1$$

$$= \sum_{1\leqslant n\leqslant x} \mu(n) \sum_{\substack{1\leqslant k\leqslant x\\ n|k}} 1$$

$$= \sum_{1\leqslant k\leqslant x} \sum_{\substack{1\leqslant n\leqslant x\\ n|k}} \mu(n)$$

$$= \sum_{1\leqslant k\leqslant x} \sum_{n|k} \mu(n).$$

注意到 $x \geqslant 1$ 及 (见第 1 章总习题第 8 题)

$$\sum_{n|k} \mu(n) = \begin{cases} 0, & k > 1, \\ 1, & k = 1, \end{cases}$$

有

$$\sum_{1\leqslant k\leqslant x} \sum_{n|k} \mu(n) = 1.$$

所以

$$\sum_{1\leqslant n\leqslant x} \mu(n) \left[\frac{x}{n}\right] = 1.$$

40. 设 p 是奇素数, 证明: 形如 $2np+1$ 的素数有无穷多个, 其中 n 为正整数.

证明 任取大于 p 的正整数 m, 设 q 是

$$m!^{p-1} + \cdots + m! + 1$$

的素因数, 则

$$q > m, \quad q \mid (m! - 1)(m!^{p-1} + \cdots + m! + 1).$$

因此, $q \mid m!^p - 1$. 设 $m!$ 模 q 的阶为 r, 则 $r \mid p$. 由于 p 是奇素数, 故 $r = 1, p$. 若 $r = 1$, 则 $q \mid m! - 1$. 从而

$$m!^{p-1} + \cdots + m! + 1 \equiv 1^{p-1} + \cdots + 1 + 1 \equiv p \pmod q.$$

又 $q \mid m!^{p-1} + \cdots + m! + 1$, 故 $q \mid p$, 与 $q > m > p$ 矛盾. 因此, $r = p$. 再由阶的性质知, $r \mid \varphi(q)$, 即 $p \mid q - 1$. 注意到 p, q 均是奇素数, 有 $2p \mid q - 1$. 由此知, 存在正整数 n, 使得 $q = 2np + 1$. 由 $q > m$ 及 m 可任意大知, 形如 $2np + 1$ 的素数有无穷多个.

41. 设 p 是奇素数, k 为正整数, $p-1\nmid k$, 证明:

$$1^k+2^k+\cdots+p^k\equiv 0 \pmod{p}.$$

证明 设 g 是 p 的一个原根, 则 g 模 p 的阶为 $p-1$. 由于 $p-1\nmid k$, 故

$$g^k\not\equiv 1 \pmod{p}. \tag{6.2.10}$$

注意到 $g,2g,\cdots,pg$ 是模 p 的一个完全剩余系, 有

$$g^k+(2g)^k+\cdots+(pg)^k\equiv 1^k+2^k+\cdots+p^k \pmod{p},$$

即

$$g^k(1^k+2^k+\cdots+p^k)\equiv 1^k+2^k+\cdots+p^k \pmod{p}.$$

再由 (6.2.10) 得

$$1^k+2^k+\cdots+p^k\equiv 0 \pmod{p}.$$

42. 设 n 为大于 1 的整数, $F_n=2^{2^n}+1$, p 为 F_n 的素因数, 证明: 存在正整数 k, 使得 $p=2^{n+2}k+1$.

证明 由 p 为 F_n 的素因数知

$$2^{2^n}\equiv -1 \pmod{p}. \tag{6.2.11}$$

从而

$$2^{2^{n+1}}\equiv 1 \pmod{p}. \tag{6.2.12}$$

设 2 模 p 的阶为 r. 由 (6.2.12) 知, $r\mid 2^{n+1}$. 由 (6.2.11) 知, $r\nmid 2^n$. 因此, $r=2^{n+1}$. 由阶的性质知, $r\mid\varphi(p)$, 即 $2^{n+1}\mid p-1$. 由此及 $n\geqslant 2$ 知, $p\equiv 1 \pmod{8}$. 所以, 2 是模 p 的二次剩余. 根据欧拉判别法知

$$2^{\frac{p-1}{2}}\equiv 1 \pmod{p}.$$

再由阶的性质及 $r=2^{n+1}$ 知

$$2^{n+1}\mid\frac{p-1}{2},$$

即 $2^{n+2}\mid p-1$. 所以, 存在正整数 k, 使得 $p=2^{n+2}k+1$.

43. 证明: 形如 $8n+5$ 的素数有无穷多个.

证明 假设形如 $8n+5$ 的素数只有有限个, 它们为 $p_1,\cdots,p_k$. 令

$$m=(2p_1\cdots p_k)^2+1,$$

则 $m\equiv 5 \pmod 8$. 从而, 存在 m 的素因数 $q\not\equiv 1 \pmod 8$. 这样

$$(2p_1\cdots p_k)^2\equiv -1 \pmod q.$$

由此知, -1 为 q 的二次剩余. 因此, $q\equiv 1 \pmod 4$. 又 $q\not\equiv 1 \pmod 8$, 故 $q\equiv 5 \pmod 8$. 从而, q 为 $p_1,\cdots,p_k$ 中的一个. 这样, $1=m-(2p_1\cdots p_k)^2$ 是 q 的倍数, 矛盾. 所以, 形如 $8n+5$ 的素数有无穷多个.

44. 证明: 形如 $8n+7$ 的素数有无穷多个.

证明 假设形如 $8n+7$ 的素数只有有限个, 它们为 $p_1,\cdots,p_k$. 令

$$m=(p_1\cdots p_k)^2-2,$$

则 $m\equiv 7 \pmod 8$. 从而, 存在 m 的素因数 $q\not\equiv 1 \pmod 8$. 这样

$$(p_1\cdots p_k)^2\equiv 2 \pmod q.$$

由此知, 2 为 q 的二次剩余. 因此, $q\equiv 1,7 \pmod 8$. 又 $q\not\equiv 1 \pmod 8$, 故 $q\equiv 7 \pmod 8$. 从而, q 为 $p_1,\cdots,p_k$ 中的一个. 这样, $2=(p_1\cdots p_k)^2-m$ 是 q 的倍数, 矛盾. 所以, 形如 $8n+7$ 的素数有无穷多个.

45. 证明: 形如 $20n+1$ 的素数有无穷多个.

证明 设整数 $m>20$. 令

$$N=\frac{m!^{10}+1}{m!^2+1}=m!^8-m!^6+m!^4-m!^2+1.$$

设 p 是 N 的一个素因数, 则 $p>m$, 并且

$$m!^{10}\equiv -1 \pmod p.$$

由此得

$$m!^{20}\equiv 1 \pmod p.$$

设 $m!$ 模 p 的阶为 r, 则 $r\mid 20$, $r\nmid 10$. 由此得 $r\in\{4,20\}$. 若 $r=4$, 则

$$m!^4\equiv 1 \pmod p,\quad m!^2\not\equiv 1 \pmod p.$$

从而, $m!^2\equiv -1 \pmod p$. 这样

$$N=m!^8-m!^6+m!^4-m!^2+1\equiv(-1)^4-(-1)^3+(-1)^2-(-1)+1\equiv 5 \pmod p.$$

由于 $p\mid N$, 故 $p=5$, 与 $p>m>20$ 矛盾. 因此, $r=20$. 由阶的性质知, $r\mid p-1$, 即 $20\mid p-1$. 所以, 存在正整数 n, 使得 $p=20n+1$. 由 $p>m$ 及 m 可任意大知, 形如 $20n+1$ 的素数有无穷多个.

46. 设 a,b,k 为正整数, p 为素数, $(k,p-1)=1$, 证明: $p \mid a^k-b^k$ 当且仅当 $p \mid a-b$.

附注　第 37 题可以看成是本题的特例.

证明　充分性由 $a-b \mid a^k-b^k$ 立即得到.

下证必要性. 当 $p \mid a$ 时, 由 $p \mid a^k-b^k$ 及 $k \geqslant 1$ 知, $p \mid b$. 此时, $p \mid a-b$. 同理: 若 $p \mid b$, 则 $p \mid a-b$. 下设 $p \nmid ab$.

设 $p \mid a^k-b^k$, 则 $a^k \equiv b^k \pmod{p}$. 由 $(k,p-1)=1$ 知, 存在正整数 u, 使得 $uk \equiv 1 \pmod{p-1}$. 令 $uk=1+(p-1)v$, 则 v 为非负整数. 利用费马小定理得

$$a \equiv a^{1+(p-1)v} \equiv a^{uk} \equiv b^{uk} \equiv b^{1+(p-1)v} \equiv b \pmod{p}.$$

所以, $p \mid a-b$.

47. 设 p 是形如 $4n+1$ 的素数, 证明: p 表示成两个正整数的平方和的表示法唯一 (不计两个正整数的次序).

证明　设

$$p=a^2+b^2, \quad a>b \geqslant 1,$$
$$p=c^2+d^2, \quad c>d \geqslant 1,$$

则 $(a,b)=1$, $(c,d)=1$,

$$p^2=(a^2+b^2)(c^2+d^2)=(ac+bd)^2+(ad-bc)^2=(ac-bd)^2+(ad+bc)^2.$$

由 $p=a^2+b^2$ 及 $p=c^2+d^2$ 得

$$(ac)^2 \equiv (bd)^2 \pmod{p}.$$

因此, $ac \equiv bd \pmod{p}$ 或 $ac \equiv -bd \pmod{p}$.

若 $ac \equiv bd \pmod{p}$, 则由 $ac>bd$ 知, $ac-bd \geqslant p$. 这样, $(ac-bd)^2+(ad+bc)^2>p^2$, 矛盾. 因此, $ac \equiv -bd \pmod{p}$. 再由 $p^2=(ac+bd)^2+(ad-bc)^2$ 知, $ad-bc=0$. 又 $(a,b)=1$, $(c,d)=1$, 故 $a=c$, $b=d$. 这就证明了: p 表示成两个正整数的平方和的表示法唯一 (不计两个正整数的次序).

48. 设 p 是奇素数, a,b,c 为整数, $p \nmid a$, $p \nmid b^2-4ac$, 证明:

$$\sum_{n=1}^{p}\left(\frac{an^2+bn+c}{p}\right)=-\left(\frac{a}{p}\right).$$

证明　令 $d=b^2-4ac$, 则 $p \nmid d$. 我们有

$$\left(\frac{4a}{p}\right)\sum_{n=1}^{p}\left(\frac{an^2+bn+c}{p}\right)=\sum_{n=1}^{p}\left(\frac{4a^2n^2+4abn+4ac}{p}\right)$$

$$=\sum_{n=1}^{p}\left(\frac{(2an+b)^2-d}{p}\right).$$

由 $(2a,p)=1$ 知, $2an+b\ (n=1,\cdots,p)$ 是模 p 的一个完全剩余系. 因此

$$\sum_{n=1}^{p}\left(\frac{(2an+b)^2-d}{p}\right)=\sum_{n=1}^{p}\left(\frac{n^2-d}{p}\right)=\frac{1}{2}\sum_{n=1}^{p-1}\left(1+\left(\frac{n^2}{p}\right)\right)\left(\frac{n^2-d}{p}\right)+\left(\frac{-d}{p}\right).$$

模 p 的每个二次剩余在 $n^2\ (n=1,\cdots,p-1)$ 中出现恰好 2 次 (模 p 意义下). 模 p 的每个二次剩余在 $1,\cdots,p-1$ 中出现恰好 1 次 (模 p 意义下). 对于模 p 的每个二次非剩余 m, 有

$$1+\left(\frac{m}{p}\right)=0.$$

所以

$$\begin{aligned}&\frac{1}{2}\sum_{n=1}^{p-1}\left(1+\left(\frac{n^2}{p}\right)\right)\left(\frac{n^2-d}{p}\right)+\left(\frac{-d}{p}\right)\\=&\sum_{m=1}^{p-1}\left(1+\left(\frac{m}{p}\right)\right)\left(\frac{m-d}{p}\right)+\left(\frac{-d}{p}\right)\\=&\sum_{m=1}^{p}\left(\frac{m-d}{p}\right)+\sum_{m=1}^{p-1}\left(\frac{m(m-d)}{p}\right)\\=&\sum_{m=1}^{p-1}\left(\frac{m(m-d)}{p}\right).\end{aligned}$$

对于 $1\leqslant m\leqslant p-1$, 存在唯一的 $1\leqslant \bar{m}\leqslant p-1$, 使得 $\bar{m}m\equiv 1\pmod p$. 这样

$$\begin{aligned}\sum_{m=1}^{p-1}\left(\frac{m(m-d)}{p}\right)&=\sum_{m=1}^{p-1}\left(\frac{\bar{m}^2}{p}\right)\left(\frac{m(m-d)}{p}\right)\\&=\sum_{m=1}^{p-1}\left(\frac{1-d\bar{m}}{p}\right)\\&=\sum_{k=0}^{p-1}\left(\frac{1-dk}{p}\right)-\left(\frac{1}{p}\right).\end{aligned}$$

由 $p \nmid d$ 知, $1-dk$ $(k=0,\cdots,p-1)$ 是模 p 的一个完全剩余系. 因此

$$\sum_{k=0}^{p-1}\left(\frac{1-dk}{p}\right)=0.$$

这样

$$\sum_{m=1}^{p-1}\left(\frac{m(m-d)}{p}\right)=\sum_{k=0}^{p-1}\left(\frac{1-dk}{p}\right)-\left(\frac{1}{p}\right)=-1.$$

综上

$$\left(\frac{4a}{p}\right)\sum_{n=1}^{p}\left(\frac{an^2+bn+c}{p}\right)=-1.$$

所以

$$\sum_{n=1}^{p}\left(\frac{an^2+bn+c}{p}\right)=-\left(\frac{a}{p}\right).$$

49. 设 p 为大于 3 的素数, $a_1,\cdots,a_{(p-1)/2}$ 均是模 p 的二次剩余, 它们模 p 两两不同余, 证明:

$$a_1+\cdots+a_{(p-1)/2}\equiv 0 \pmod p.$$

证法一 由于 $a_1,\cdots,a_{(p-1)/2}$ 均是模 p 的二次剩余, 它们模 p 两两不同余, 故 $a_1,\cdots,a_{(p-1)/2}$ 是模 p 的全部二次剩余 (在模 p 意义下). 由 p 为大于 3 的素数知, 存在模 p 的二次剩余 $a\not\equiv 1 \pmod p$. 这样, $aa_1,\cdots,aa_{(p-1)/2}$ 也是模 p 的全部二次剩余 (在模 p 意义下). 因此

$$aa_1+\cdots+aa_{(p-1)/2}\equiv a_1+\cdots+a_{(p-1)/2} \pmod p,$$

即

$$(a-1)(a_1+\cdots+a_{(p-1)/2})\equiv 0 \pmod p.$$

再由 $a-1\not\equiv 0 \pmod p$ 及 p 为素数知

$$a_1+\cdots+a_{(p-1)/2}\equiv 0 \pmod p.$$

证法二 由于 $a_1,\cdots,a_{(p-1)/2}$ 均是模 p 的二次剩余, 它们模 p 两两不同余, 故 $a_1,\cdots,a_{(p-1)/2}$ 是模 p 的全部二次剩余 (在模 p 意义下). 又在模 p 意义下, 模 p 的全部二次剩余为

$$1^2,2^2,\cdots,\left(\frac{p-1}{2}\right)^2.$$

因此

$$a_1+\cdots+a_{(p-1)/2}\equiv 1^2+\cdots+\left(\frac{p-1}{2}\right)^2 \pmod p.$$

由于 $p>3$ 及

$$1^2+\cdots+\left(\frac{p-1}{2}\right)^2=\frac{1}{6}\frac{p-1}{2}\frac{p+1}{2}p$$

为整数, 故

$$\frac{1}{6}\frac{p-1}{2}\frac{p+1}{2}$$

为整数. 从而

$$1^2+\cdots+\left(\frac{p-1}{2}\right)^2\equiv 0 \pmod p.$$

所以

$$a_1+\cdots+a_{(p-1)/2}\equiv 0 \pmod p.$$

50. 设 p 为大于 3 的素数, $a_1,\cdots,a_{(p-1)/2}$ 均是模 p 的二次非剩余, 它们模 p 两两不同余, 证明:

$$a_1+\cdots+a_{(p-1)/2}\equiv 0 \pmod p.$$

证法一 由于 $a_1,\cdots,a_{(p-1)/2}$ 均是模 p 的二次非剩余, 它们模 p 两两不同余, 故 $a_1,\cdots,a_{(p-1)/2}$ 是模 p 的全部二次非剩余 (在模 p 意义下). 由 p 为大于 3 的素数知, 存在模 p 的二次剩余 $a\not\equiv 1 \pmod p$. 这样, $aa_1,\cdots,aa_{(p-1)/2}$ 也是模 p 的全部二次非剩余 (在模 p 意义下). 因此

$$aa_1+\cdots+aa_{(p-1)/2}\equiv a_1+\cdots+a_{(p-1)/2} \pmod p,$$

即

$$(a-1)(a_1+\cdots+a_{(p-1)/2})\equiv 0 \pmod p.$$

再由 $a-1\not\equiv 0 \pmod p$ 及 p 为素数知

$$a_1+\cdots+a_{(p-1)/2}\equiv 0 \pmod p.$$

证法二 设 $b_1,\cdots,b_{(p-1)/2}$ 均是模 p 的二次剩余, 它们模 p 两两不同余. 这样

$$b_1,\cdots,b_{(p-1)/2},a_1,\cdots,a_{(p-1)/2}$$

模 p 两两不同余, 且均与 p 互素, 从而它们为模 p 的一个简化剩余系. 因此

$$\begin{aligned} & b_1+\cdots+b_{(p-1)/2}+a_1+\cdots+a_{(p-1)/2} \\ \equiv & 1+2+\cdots+(p-1) \\ \equiv & \frac{1}{2}(p-1)p \\ \equiv & 0 \pmod p. \end{aligned}$$

由第 49 题知

$$b_1+\cdots+b_{(p-1)/2} \equiv 0 \pmod p.$$

所以

$$a_1+\cdots+a_{(p-1)/2} \equiv 0 \pmod p.$$

证法三　由于 a_1 是模 p 的二次非剩余, 故 $(a_1,p)=1$. 注意到 $a_1a_1,\cdots,a_1a_{(p-1)/2}$ 均是模 p 的二次剩余, 它们模 p 两两不同余, 由第 49 题知

$$a_1a_1+\cdots+a_1a_{(p-1)/2} \equiv 0 \pmod p.$$

再由 $(a_1,p)=1$ 知

$$a_1+\cdots+a_{(p-1)/2} \equiv 0 \pmod p.$$

51. 设 g 是正整数 m 的一个原根, k 是正整数, 证明:

(i) g^k 是 m 的原根的充要条件是 $(k,\varphi(m))=1$;

(ii) m 的原根个数 (在模 m 意义下) 为 $\varphi(\varphi(m))$.

证明　(i) 若 $(k,\varphi(m))>1$, 令

$$t=\frac{\varphi(m)}{(k,\varphi(m))},$$

则 $1\leqslant t<\varphi(m)$. 由

$$kt=\frac{k}{(k,\varphi(m))}\varphi(m)$$

知, $\varphi(m)\mid kt$. 由欧拉定理知

$$(g^k)^t=g^{kt}\equiv 1 \pmod m.$$

注意到 $1\leqslant t<\varphi(m)$, 有 g^k 不是 m 的原根.

下设 $(k,\varphi(m))=1$. 设 g^k 模 m 的阶为 r, 则

$$r\mid\varphi(m),\quad g^{kr}\equiv 1 \pmod m.$$

由于 g 是 m 的一个原根, 故 $\varphi(m) \mid kr$. 再由 $(k,\varphi(m))=1$ 知, $\varphi(m) \mid r$. 因此, $r=\varphi(m)$. 所以, g^k 是 m 的原根.

(ii) 由于

$$g^1, g^2, \cdots, g^{\varphi(m)} \tag{6.2.13}$$

是模 m 的一个简化剩余系, 故只要考虑 (6.2.13) 中哪些是 m 的原根. 由 (i) 知, (6.2.13) 中 m 的原根个数为 $\varphi(\varphi(m))$.

52. 设 a,b 模 m 的阶分别为 r,s, $(r,s)=1$, 证明: ab 模 m 的阶为 rs.

证明 设 ab 模 m 的阶为 t, 则

$$(ab)^t \equiv 1 \pmod{m}.$$

从而

$$(ab)^{tr} \equiv 1 \pmod{m},$$

即

$$a^{tr}b^{tr} \equiv 1 \pmod{m}. \tag{6.2.14}$$

由于 $a^r \equiv 1 \pmod{m}$, 故 $a^{tr} \equiv 1 \pmod{m}$. 再由 (6.2.14) 得 $b^{tr} \equiv 1 \pmod{m}$. 又 b 模 m 的阶为 s, 故 $s \mid tr$. 再由 $(r,s)=1$ 得 $s \mid t$. 同理: $r \mid t$. 又 $(r,s)=1$, 故 $rs \mid t$. 由 t 为 ab 模 m 的阶及

$$(ab)^{rs} = a^{rs}b^{rs} \equiv 1 \pmod{m}$$

知, $t \mid rs$. 因此, $t=rs$, 即 ab 模 m 的阶为 rs.

53. 对于素数 p 及正整数 n, 用 $\alpha_p(n)$ 表示 $n!$ 的标准分解式中 p 的幂次, 用 $S_p(n)$ 表示 n 的 p 进制表示中数字之和, 证明: 对于任何正整数 n, 有

$$\alpha_p(n) = \frac{n - S_p(n)}{p-1}.$$

证明 设 n 的 p 进制表示为 $n = a_l p^l + \cdots + a_1 p + a_0$, 则 $S_p(n) = a_l + \cdots + a_1 + a_0$. 这样

$$\begin{aligned}
\alpha_p(n) &= \left[\frac{n}{p}\right] + \left[\frac{n}{p^2}\right] + \cdots + \left[\frac{n}{p^l}\right] \\
&= (a_l p^{l-1} + \cdots + a_2 p + a_1) + \cdots + (a_l p + a_{l-1}) + a_l \\
&= a_l(p^{l-1} + \cdots + p + 1) + \cdots + a_2(p+1) + a_1 \\
&= a_l \frac{p^l - 1}{p-1} + \cdots + a_2 \frac{p^2-1}{p-1} + a_1 \frac{p-1}{p-1} + a_0 \frac{p^0-1}{p-1}
\end{aligned}$$

$$= \frac{n - S_p(n)}{p-1}.$$

附注　文献中通常称第 53 题中的公式为勒让德公式.

6.3　数论中未解决的问题

本节我们将列出数论中一些未解决的问题或猜想.

1. 哥德巴赫猜想: 每个不小于 4 的偶数总可以表示成两个素数之和.

如 $4=2+2$, $6=3+3$, $8=3+5$, $10=3+7$, $12=5+7$ 等.

目前最好的结果是陈景润在 1966 年给出的, 他证明了: 每个充分大的偶数均可表示为一个素数与一个至多有两个素因子 (可相同) 的正整数之和.

2. 孪生素数猜想: 存在无穷多对素数 p, q, 使得 $q-p=2$.

如 $3,5$; $5,7$; $11,13$; $17,19$; $29,31$ 等均为孪生素数对.

2013 年, 张益唐在孪生素数猜想的研究方面取得突破性的进展, 他证明了: 存在无穷多对素数 p, q, 使得 $q-p$ 不超过 7000 万. 同年, Maynard 用不同方法将 7000 万改进到 600, 后来, 其他数学家将 600 进一步改进到 246.

3. 猜想: 存在无穷多个正整数 n, 使得 n^2+1 为素数.

如 $2^2+1=5$, $4^2+1=17$, $6^2+1=37$, $10^2+1=101$ 等均为素数.

4. Jeśmanowicz 猜想: 如果 a, b, c 为正整数, $a^2+b^2=c^2$, 那么 $a^x+b^y=c^z$ 的正整数解只有 $x=y=z=2$.

可以证明: $3^x+4^y=5^z$ 的正整数解只有 $x=y=z=2$, $5^x+12^y=13^z$ 的正整数解只有 $x=y=z=2$, 等等.

5. 奇完全数问题: 是否存在正奇数, 它是完全数? 即是否存在正奇数, 它的所有正因数之和是它的两倍?

偶完全数是有的, 如 6, 28 等, 这里

$$1+2+3+6=2\times 6,$$

$$1+2+4+7+14+28=2\times 28.$$

6. Erdős-Straus 猜想: 对每个整数 $n>1$, 总存在正整数 x, y, z, 使得

$$\frac{4}{n}=\frac{1}{x}+\frac{1}{y}+\frac{1}{z}.$$

它等价于猜想: 对每个素数 p, 总存在正整数 x, y, z, 使得

$$\frac{4}{p}=\frac{1}{x}+\frac{1}{y}+\frac{1}{z}.$$

如

$$\frac{4}{2}=\frac{1}{2}+\frac{1}{2}+\frac{1}{1},$$

$$\frac{4}{3}=\frac{1}{2}+\frac{1}{2}+\frac{1}{3},$$

$$\frac{4}{5}=\frac{1}{2}+\frac{1}{10}+\frac{1}{5},$$

等等.

7. 问题: 是否对每个整数 n, 总存在整数 x,y,z,w, 使得

$$n=x^3+y^3+z^3+w^3?$$

如 $5=(-1)^3+(-1)^3+(-1)^3+2^3$, $6=0^3+(-1)^3+(-1)^3+2^3$, 等等.

8. 同余覆盖的一个问题: 是否存在正整数 $m_1,\cdots,m_k\ (k\geqslant 2)$ 及整数 $a_1,\cdots,a_k$, 使得 $m_1,\cdots,m_k$ 之间没有整除关系, 且

$$\bigcup_{i=1}^{k}\{m_in+a_i:n\in\mathbb{Z}\}=\mathbb{Z}?$$

9. 奇数模同余覆盖问题: 是否存在互不相同的大于 1 的奇数 $m_1,\cdots,m_k$ $(k\geqslant 2)$ 及整数 $a_1,\cdots,a_k$, 使得

$$\bigcup_{i=1}^{k}\{m_in+a_i:n\in\mathbb{Z}\}=\mathbb{Z}?$$

10. 猜想: 对任何正整数 n, 总存在素数 p, 使得 $n^2<p<(n+1)^2$.

11. $3n+1$ 问题: 对一个正整数不断进行如下操作. 当它为偶数时, 我们就将它除以 2; 当它为奇数时, 我们就将它乘以 3 再加上 1. 问是否一定在有限步后变为 1?

如

$$5\to 3\times 5+1=16\to 8\to 4\to 2\to 1;$$

$$7\to 22\to 11\to 34\to 17\to 52\to 26\to 13\to 40\to\cdots\to 5\to\cdots\to 1.$$

12. 问题: 是否存在合数 n, 使得 $\varphi(n)\mid n-1$? 其中 $\varphi(n)$ 是 n 的欧拉函数值.

习题提示与解答

习 题 1.1

1. 由带余除法定理知, 存在整数 k, r, 使得 $a = 8k + r$, $0 \leqslant r \leqslant 7$. 这样, $a^2 - 1 = (8k+r)^2 - 1 = 8K + r^2 - 1$. 由于 a 为奇数, 故 r 为奇数, 即 $r \in \{1,3,5,7\}$. 直接验算知, 当 $r \in \{1,3,5,7\}$ 时, $r^2 - 1$ 是 8 的倍数. 所以, $8 \mid a^2 - 1$. 其他证法: 设 $a = 2k+1$, 则 $a^2 - 1 = 4k(k+1)$. 由于相邻两个整数一定有一个偶数, 故 $k(k+1)$ 为偶数, 从而 $8 \mid a^2 - 1$.

2. $(15912, 5083) = 221$, 整数 u, v 的一组值为 $u = 8, v = -25$.

3. 只要证明: $10 \mid n^5 - n$. 由例 1 知, $5 \mid n^5 - n$. 又 $n^5 - n$ 是偶数, 故 $10 \mid n^5 - n$. 也可以参照第 1 题的证法, 将 n 写成 $n = 10k + r$, $0 \leqslant r \leqslant 9$.

4. 由裴蜀定理知, 存在整数 u, v, 使得 $au + bv = (a, b)$. 两边同除以 (a, b).

5. 平方数被 4 除, 余数为 0 或 1, $b^2 + c^2$ 被 4 除, 余数为 0, 1 或 2.

6. 令 $d = (5n+3, 7n+4)$, 则 $d \mid 5n+3$, $d \mid 7n+4$. 从而, $d \mid 7(5n+3) - 5(7n+4)$, 即 $d \mid 1$. 因此, $(5n+3, 7n+4) = d = 1$.

7. 由于 a 与 b 互素, 故 $(a, b^2) = 1$. 由 $a \mid b^2 + c^2$ 知, 存在整数 k, 使得 $b^2 + c^2 = ka$. 这样

$$(a, c^2) = (a, -c^2) = (a, -c^2 + ka) = (a, b^2) = 1.$$

由此知, a 与 c 互素.

8. $(241)_7$.

9. 充分性. 由 $a \mid b$ 知, 存在正整数 k, 使得 $b = ak$. 这样, $2^b - 1 = 2^{ak} - 1 = (2^a - 1)(2^{a(k-1)} + 2^{a(k-2)} + \cdots + 2^a + 1)$. 因此, $2^a - 1 \mid 2^b - 1$.

必要性. 由带余除法定理知, 存在整数 q, r, $0 \leqslant r < a$, 使得 $b = aq + r$. 这样, $2^b - 1 = 2^{aq+r} - 1 = (2^{aq} - 1)2^r + 2^r - 1$. 由充分性知, $2^a - 1 \mid 2^{aq} - 1$. 再由必要性的条件知, $2^a - 1 \mid 2^b - 1$. 因此, $2^a - 1 \mid 2^r - 1$. 又 $0 \leqslant 2^r - 1 < 2^a - 1$, 故 $2^r - 1 = 0$, 即 $r = 0$. 所以, $a \mid b$.

10. 见第 6 章第 14 题.

11. 用反证法. 假设 $\sqrt{2}$ 是有理数, 则它可以写成既约分数的形式, 设 $\sqrt{2} = a/b$, 其中 a, b 为互素的正整数, 我们有 $a^2 = 2b^2$, 从而, a 为偶数, $a = 2a_1$, 代入 $a^2 = 2b^2$, 得 $2a_1^2 = b^2$, 由此知, b 也为偶数, 与 a, b 为互素的正整数矛盾. 所以, $\sqrt{2}$ 是无理数.

12. 令 $d_1 = (a_1, \cdots, a_n)$, $d_2 = ((a_1, \cdots, a_{n-1}), a_n)$, 则

$$d \mid d_1 \Leftrightarrow d \mid a_i (1 \leqslant i \leqslant n) \Leftrightarrow d \mid (a_1, \cdots, a_{n-1}), d \mid a_n \Leftrightarrow d \mid d_2.$$

由此得 $d_1 = d_2$.

习　题　1.2

1. 7^{333} 的末尾两位数为 07.

2. 由于 $1,\cdots,d$ 是模 d 的一个完全剩余系, 故对任何整数 n, 总存在整数 $1\leqslant k\leqslant d$, 使得 $n\equiv k \pmod d$. 根据同余的性质知, $f(n)\equiv f(k) \pmod d$. 又 $d\mid f(k)$, 即 $f(k)\equiv 0 \pmod d$, 故 $f(n)\equiv 0 \pmod d$, 即 $d\mid f(n)$.

3. 见第 6 章第 15 题.

4. 若 $a_1,\cdots,a_m$ 中有两个数模 m 同余, 则 $a_1^2,\cdots,a_m^2$ 中对应的两个数模 m 也同余, 此时, $a_1^2,\cdots,a_m^2$ 不是模 m 的完全剩余系.

若 $a_1,\cdots,a_m$ 中的数模 m 两两不同余, 则 $a_1,\cdots,a_m$ 是模 m 的完全剩余系. 从而, 由 $m>2$ 知, 存在 $i\neq j$, 使得 $a_i\equiv 1 \pmod m$, $a_j\equiv -1 \pmod m$. 这样, $a_i^2\equiv 1\equiv a_j^2 \pmod m$. 因此, $a_1^2,\cdots,a_m^2$ 一定不是模 m 的完全剩余系.

5. 由于 $a_1,\cdots,a_{\varphi(m)}$ 和 $b_1,\cdots,b_{\varphi(m)}$ 均为模 m 的简化剩余系, 故它们被 m 除, 余数均为 $0,1,\cdots,m-1$ 中与 m 互素的所有数的排列. 从而, $a_1\cdots a_{\varphi(m)}\equiv b_1\cdots b_{\varphi(m)} \pmod m$.

6. 计算知 $5^5\equiv 1 \pmod{11}$. 由带余除法定理知, 存在整数 k,r, 使得 $n=5k+r$, $0\leqslant r\leqslant 4$. 这样, $5^n=(5^5)^k5^r\equiv 5^r \pmod{11}$. 由于 $5^n\equiv 4 \pmod{11}$, 故 $5^r\equiv 4 \pmod{11}$. 计算知, $r=3$. 因此, $n\equiv 3 \pmod 5$.

7. 计算知, $2^3\equiv 1 \pmod 7$. 对任给的正整数 n, 由带余除法定理知, 存在整数 k,r, 使得 $n=3k+r$, $r=0,1,2$. 这样, $2^n=(2^3)^k2^r\equiv 2^r \pmod 7$. 计算知, 当 $r=0,1,2$ 时, $2^r\not\equiv 3 \pmod 7$. 因此, $2^n\not\equiv 3 \pmod 7$, 即不存在正整数 n, 使得 $2^n\equiv 3 \pmod 7$.

8. 本题是第 6 章第 3 题的特例. 由 $x=[x]+\{x\}$ 知, $[x]+\left[x+\dfrac{1}{2}\right]=2[x]+\left[\{x\}+\dfrac{1}{2}\right]$, $[2x]=[2[x]+2\{x\}]=2[x]+[2\{x\}]$. 只要证明: $\left[\{x\}+\dfrac{1}{2}\right]=[2\{x\}]$. 当 $\{x\}<\dfrac{1}{2}$ 时, $0<\{x\}+\dfrac{1}{2}<1$, $0\leqslant 2\{x\}<1$. 因此, $\left[x+\dfrac{1}{2}\right]=0=[2\{x\}]$. 当 $\{x\}\geqslant\dfrac{1}{2}$ 时, $1\leqslant\{x\}+\dfrac{1}{2}<2$, $1\leqslant 2\{x\}<2$. 因此, $\left[\{x\}+\dfrac{1}{2}\right]=1=[2\{x\}]$.

9. 由于 $a_1,\cdots,a_m$ 与 $b_1,\cdots,b_m$ 均为模 m 的完全剩余系, 故它们被 m 除, 余数均为 $0,1,\cdots,m-1$ 的排列. 因此, 对任何正整数 k, 总有

$$a_1^k+\cdots+a_m^k\equiv 0^k+\cdots+(m-1)^k\equiv b_1^k+\cdots+b_m^k \pmod m.$$

习　题　1.3

1. 由算术基本定理知, 正整数 n 可以写成素数的乘积: $n=p_1\cdots p_t$, 这里 $p_1,\cdots,p_t$ 为素数, $p_1\leqslant\cdots\leqslant p_t$. 由于 n 是合数, 故 $t\geqslant 2$. 这样, $n\geqslant p_1^t\geqslant p_1^2$. 因此, $p_1\leqslant\sqrt{n}$. 若 $n\leqslant 120$, 并且 n 为合数, 则 n 有素因数 $\leqslant\sqrt{120}$, 即 n 有素因数在 $2,3,5,7$ 中. 由此得到 100 至 120 之间的所有素数为 101, 103, 107, 109, 113.

2. $13728=2^5\cdot 3\cdot 11\cdot 13$.

3. 利用 $\varphi(n)$ 的计算公式 (见定理 1.3.6).

4. 当 $b=1$ 时, $a=1$. 此时, $\varphi(ab)=\varphi(1)=1=a\varphi(b)$. 下设 $b>1$. 设 b 的互不相同的所有素因数为 $p_1,\cdots,p_s$. 当 $a\mid b$ 时, ab 的互不相同的所有素因数也为 $p_1,\cdots,p_s$. 根据 $\varphi(n)$ 的计算公式 (见定理 1.3.6) 知

$$\varphi(ab)=ab\left(1-\frac{1}{p_1}\right)\cdots\left(1-\frac{1}{p_s}\right)=a\varphi(b).$$

5. 用反证法. 假设 n 不是素数, 则由定义知, 存在 n 的因数 a, 使得 $1<a<n$. 从而 $a\mid(n-1)!$. 根据 $a\mid n$, $n\mid(n-1)!+1$, 有 $a\mid(n-1)!+1$. 因此, $a\mid(n-1)!+1-(n-1)!$, 即 $a\mid 1$, 与 $a>1$ 矛盾. 所以, n 为素数.

6. 见第 6 章第 18 题.

7. 见第 6 章第 19 题.

8. 当 a,b 中至少有一个是 1 时, 结论成立. 下设 a,b 均大于 1. 设 $ab=c^2$. 利用标准分解式的唯一性. 由 a,b 互素知, 可设它们的标准分解式为

$$a=p_1^{\alpha_1}\cdots p_t^{\alpha_t},\quad b=p_{t+1}^{\alpha_{t+1}}\cdots p_s^{\alpha_s}.$$

由 $ab=c^2$ 知, c 的素因数均为 ab 的素因数. 因此, 可设 c 的标准分解式为

$$c=p_1^{\beta_1}\cdots p_s^{\beta_s}.$$

这样, $ab=c^2$ 变为

$$p_1^{\alpha_1}\cdots p_t^{\alpha_t}p_{t+1}^{\alpha_{t+1}}\cdots p_s^{\alpha_s}=p_1^{2\beta_1}\cdots p_s^{2\beta_s}.$$

根据标准分解式的唯一性得 $\alpha_i=2\beta_i\ (1\leqslant i\leqslant s)$. 所以, a,b 均为平方数.

9. 不妨设 $a>1$. 设 a,b 的标准分解式为

$$a=p_1^{\alpha_1}\cdots p_t^{\alpha_t},\quad b=p_1^{\beta_1}\cdots p_t^{\beta_t},$$

则

$$a^2=p_1^{2\alpha_1}\cdots p_t^{2\alpha_t},\quad b^2=p_1^{2\beta_1}\cdots p_t^{2\beta_t}.$$

由 $a^2\mid b^2$ 知 (见定理 1.3.7), $2\alpha_i\leqslant 2\beta_i\ (1\leqslant i\leqslant t)$. 从而, $\alpha_i\leqslant\beta_i\ (1\leqslant i\leqslant t)$. 因此, $a\mid b$.

10. (1) 用反证法. 假设形如 $4n-1$ 的素数只有有限多个, 它们为 $p_1,\cdots,p_n$. 令 $N=4p_1\cdots p_n-1$. 由算术基本定理知, N 可以写成素数的乘积: $N=q_1\cdots q_t$, 这里 $q_1,\cdots,q_t$ 为奇素数, 可以相同. 由 $4p_1\cdots p_n-1=q_1\cdots q_t$ 知, $q_i\neq p_j\ (1\leqslant i\leqslant t, 1\leqslant j\leqslant n)$, 即 $q_1,\cdots,q_t$ 均不是形如 $4n-1$ 的素数. 因此, $q_1,\cdots,q_t$ 均是形如 $4n+1$ 的素数. 又形如 $4n+1$ 的整数的乘积还是形如 $4n+1$ 的整数, 故 $q_1\cdots q_t$ 是形如 $4n+1$ 的整数, 与 $q_1\cdots q_t=N=4p_1\cdots p_n-1$ 矛盾. 所以, 形如 $4n-1$ 的素数有无穷多个.

(2) 的证明类似于 (1).

11. 见第 6 章第 17 题.

12. 当 $n=1$ 时, $\sigma(n)\varphi(n)=1=n^2$. 下设 $n\geqslant 2$. 设 n 的标准分解式为 $n=p_1^{\alpha_1}\cdots p_t^{\alpha_t}$, 其中 $\alpha_1,\cdots,\alpha_t$ 为正整数. 由 $\sigma(n)$, $\varphi(n)$ 的计算公式知

$$\sigma(n)\varphi(n)=\frac{p_1^{\alpha_1+1}-1}{p_1-1}\cdots\frac{p_t^{\alpha_t+1}-1}{p_t-1}\cdot n\left(1-\frac{1}{p_1}\right)\cdots\left(1-\frac{1}{p_t}\right)$$

$$
\begin{aligned}
&< \frac{p_1^{\alpha_1+1}}{p_1-1}\cdots\frac{p_t^{\alpha_t+1}}{p_t-1}\cdot n\left(1-\frac{1}{p_1}\right)\cdots\left(1-\frac{1}{p_t}\right)\\
&= n^2.
\end{aligned}
$$

13. 当 $n=1$ 时, $d(n)=1$, 结论成立. 下设 $n>1$. 设 n 的标准分解式为 $n=p_1^{\alpha_1}\cdots p_t^{\alpha_t}$, 其中 $\alpha_1,\cdots,\alpha_t$ 为正整数, 则 $d(n)=(\alpha_1+1)\cdots(\alpha_t+1)$. 这样, $d(n)$ 为奇数当且仅当 $\alpha_1+1,\cdots,\alpha_t+1$ 均为奇数, 即 $\alpha_1,\cdots,\alpha_t$ 均为偶数, 即 n 为平方数.

14. 当 $n=1$ 时, $\sigma(n)=1$, 结论成立. 下设 $n>1$. 设 n 的标准分解式为 $n=2^\alpha p_1^{\alpha_1}\cdots p_t^{\alpha_t}$, 其中 $p_1,\cdots,p_t$ 为不同的奇素数, α 为非负整数, $\alpha_1,\cdots,\alpha_t$ 为正整数, 则

$$
\sigma(n)=(2^\alpha+\cdots+2+1)(p_1^{\alpha_1}+\cdots+p_1+1)\cdots(p_t^{\alpha_t}+\cdots+p_t+1).
$$

这样, $\sigma(n)$ 为奇数当且仅当 $p_i^{\alpha_i}+\cdots+p_i+1\ (1\leqslant i\leqslant t)$ 均为奇数, 即 $\alpha_1,\cdots,\alpha_t$ 均为偶数. 所以, $\sigma(n)$ 为奇数当且仅当 n 为平方数或 $2n$ 为平方数.

习 题 1.4

1. 取 $n=16k+1$, 则由费马小定理知

$$
10^{16k+1}+7\equiv 10^1+7\equiv 0 \pmod{17}.
$$

当 $k\geqslant 1$ 时, $10^{16k+1}+7>17$, 并且 $10^{16k+1}+7$ 是 17 的倍数. 所以, 当 $k\geqslant 1$ 时, $10^{16k+1}+7$ 总是合数.

2. 321.

3. 由 $(m,n)=1$ 及欧拉定理知, $m^{\varphi(n)}\equiv 1 \pmod n$. 又 $\varphi(m)\geqslant 1$, 故 $n^{\varphi(m)}\equiv 0 \pmod n$. 因此

$$
m^{\varphi(n)}+n^{\varphi(m)}\equiv 1 \pmod n.
$$

同理: $m^{\varphi(n)}+n^{\varphi(m)}\equiv 1 \pmod m$. 再由 $(m,n)=1$ 得

$$
m^{\varphi(n)}+n^{\varphi(m)}\equiv 1 \pmod{mn}.
$$

4. 见第 6 章第 20 题.

习 题 1.5

1. 根据费马小定理, $a^p\equiv a \pmod p$. 由威尔逊定理知

$$
(p-1)!\equiv -1 \pmod p.
$$

因此, $a^p+(p-1)!a\equiv a+(-1)a\equiv 0 \pmod p$, 即 $p\mid a^p+(p-1)!a$.

2. 充分性见习题 1.3 第 5 题. 由威尔逊定理知, 必要性成立.

3. $x\equiv 11 \pmod{851}$.

4. 无解.

5. 由威尔逊定理知, $(p-1)!\equiv -1 \pmod p$. 又 $p-1\equiv -1 \pmod p$, 故 $(p-1)!\equiv -1\equiv p-1 \pmod p$. 由此得 $(p-2)!\equiv 1 \pmod p$. 因此, $p\mid (p-2)!-1$.

习 题 1.6

1. 由中国剩余定理知, 同余方程组 $x\equiv-1 \pmod{2^2}$, $x\equiv-2 \pmod{3^2}$, $x\equiv-3 \pmod{5^2}$, $x\equiv-4 \pmod{7^2}$ 有解 $x\equiv x_0 \pmod{2^2 3^2 5^2 7^2}$. 不妨设 $x_0\geqslant 1$. 这样, 对任何正整数 k, 四个连续的正整数 $2^2 3^2 5^2 7^2 k+x_0+i$ $(i=1,2,3,4)$ 均不是无平方因子数.

2. 由于素数有无穷多个, 故可设 $p_1,\cdots,p_n$ 是 n 个不同的素数. 由中国剩余定理知, 存在正整数 a, 使得 $a\equiv -i \pmod{p_i^3}$ $(1\leqslant i\leqslant n)$. 这样, $p_i^3 \mid a+i$ $(1\leqslant i\leqslant n)$.

3. $x\equiv 253 \pmod{455}$.

4. $x\equiv 358 \pmod{495}$.

5. 无解.

第 1 章总习题

1. 由 d_i 为 n 的正因数知, n/d_i 为整数. 又 $n=d_i(n/d_i)$, 故

$$\frac{n}{d_1},\cdots,\frac{n}{d_k}$$

都是 n 的正因数. 又 n 的正因数的个数为 k, 故

$$\frac{n}{d_1},\cdots,\frac{n}{d_k}$$

是 n 的全部正因数.

2. 见第 6 章第 2 题.

3. 见第 6 章第 3 题.

4. 见第 6 章第 21 题.

5. 见第 6 章第 22 题.

6. 见第 6 章第 38 题.

7. 见第 6 章第 37 题.

8. 若 $n=1$, 则 $\sum_{d\mid n}\mu(d)=\mu(1)=1$. 下设 $n>1$. 设 n 的标准分解式为 $n=p_1^{\alpha_1}\cdots p_t^{\alpha_t}$, 其中 $\alpha_1,\cdots,\alpha_t$ 为正整数. 对于 n 的正因数 d, 若 d 有大于 1 的平方因数, 则由默比乌斯函数的定义知, $\mu(d)=0$. 因此

$$\sum_{d\mid n}\mu(d)=\sum_{d\mid p_1\cdots p_t}\mu(d).$$

现在按 d 的素因数的个数分组, 有

$$\begin{aligned}\sum_{d\mid p_1\cdots p_t}\mu(d)&=1+\sum_{1\leqslant i\leqslant t}\mu(p_i)+\sum_{1\leqslant i<j\leqslant t}\mu(p_ip_j)+\cdots+\mu(p_1\cdots p_t)\\&=1+\sum_{1\leqslant i\leqslant t}(-1)+\sum_{1\leqslant i<j\leqslant t}(-1)^2+\cdots+(-1)^t\\&=1-\mathrm{C}_t^1+\mathrm{C}_t^2-\cdots+(-1)^t=(1-1)^t=0.\end{aligned}$$

9. 见第 6 章第 39 题.

10. 当 $n=1$ 时, 结论成立. 下设 $n>1$, 它的标准分解式为 $n=p_1^{\alpha_1}\cdots p_t^{\alpha_t}$, 则

$$\sum_{d|n}\Lambda(d)=\sum_{i=1}^{t}\sum_{k=1}^{\alpha_i}\Lambda(p_i^k)=\sum_{i=1}^{t}\alpha_i\log p_i=\log n.$$

11. 用反证法. 假设 $\sqrt{p}$ 为有理数, 则存在互素的正整数 a,b, 使得 $\sqrt{p}=a/b$. 从而 $a^2=pb^2$. 由于 p 是素数, 故 $p\mid a$. 设 $a=pa_1$, 代入 $a^2=pb^2$ 得 $pa_1^2=b^2$. 再由 p 是素数知, $p\mid b$, 这与 a,b 互素矛盾.

12. 由 $(-1,m)=1$ 知, $-a_1,\cdots,-a_m$ 也为模 m 的一个完全剩余系. 因此

$$a_1^k+\cdots+a_m^k\equiv(-a_1)^k+\cdots+(-a_m)^k\pmod m.$$

又 k 为奇数, 故由上式得到

$$a_1^k+\cdots+a_m^k\equiv-(a_1^k+\cdots+a_m^k)\pmod m,$$

即

$$2(a_1^k+\cdots+a_m^k)\equiv 0\pmod m.$$

再由 m 为奇数知, 结论成立.

13. 见第 6 章第 16 题.

14. 当 $x_1,\cdots,x_n$ 分别通过模 $m_1,\cdots,m_n$ 的简化剩余系时, $M_1x_1+\cdots+M_nx_n$ 通过 $\varphi(m_1)\cdots\varphi(m_n)=\varphi(M)$ 个数. 只要证明: 这 $\varphi(M)$ 个数模 M 两两不同余且均与 M 互素. 设 $M_1x_1+\cdots+M_nx_n$ 与 $M_1x_1'+\cdots+M_nx_n'$ 模 M 同余, 其中 x_i,x_i' 属于模 m_i 的同一个简化剩余系 $(1\leqslant i\leqslant n)$, 则由 $m_i\mid M$ 知

$$M_1x_1+\cdots+M_nx_n\equiv M_1x_1'+\cdots+M_nx_n'\pmod{m_i}.$$

当 $j\neq i$ 时, $m_i\mid M_j$. 因此, 上式变为 $M_ix_i\equiv M_ix_i'\pmod{m_i}$. 由 $(m_i,M_i)=1$ 知, $x_i\equiv x_i'\pmod{m_i}$. 又 x_i,x_i' 属于模 m_i 的同一个简化剩余系, 故 $x_i=x_i'$ $(1\leqslant i\leqslant n)$. 这就证明了: $M_1x_1+\cdots+M_nx_n$ 通过的 $\varphi(M)$ 个数模 M 两两不同余. 下证: $(M_1x_1+\cdots+M_nx_n,M)=1$. 只要证: 对每一个 $1\leqslant i\leqslant n$, 均有 $(M_1x_1+\cdots+M_nx_n,m_i)=1$. 当 $j\neq i$ 时, $m_i\mid M_j$. 只要证: $(M_ix_i,m_i)=1$. 这由 $(M_i,m_i)=1$ 和 $(x_i,m_i)=1$ 即得.

15. 设 $n=a_k10^k+\cdots+a_110+a_0$, $0\leqslant a_i\leqslant 9$ $(0\leqslant i\leqslant k)$, 则

$$n-(a_k+\cdots+a_1+a_0)=a_k(10^k-1)+\cdots+a_1(10-1).$$

由于 $10^i-1=9\cdots9$ 是 9 的倍数, 故 $n-(a_k+\cdots+a_1+a_0)$ 是 9 的倍数. 因此, n 是 3 的倍数当且仅当它的数字之和 $a_k+\cdots+a_1+a_0$ 是 3 的倍数; n 是 9 的倍数当且仅当它的数字之和 $a_k+\cdots+a_1+a_0$ 是 9 的倍数.

习 题 2.1

1. $x\equiv 2,7\pmod{13}$.
2. $x\equiv 22\pmod{7^2}$.

3. (i) 如果 $f(x)$ 是零多项式或次数 $< p$ 的多项式, 那么 $q(x) = 0$, $r(x) = f(x)$ 满足要求. 下设 $f(x)$ 是次数为 n 的多项式. 对 n 用归纳法. 当 $0 \leqslant n < p$ 时, 已证. 现假设 $n \geqslant p$, 并且结论对次数 $< n$ 的多项式成立. 设 $f(x)$ 是首项系数为 a_n 次数为 n 的多项式, 则 $f(x) - a_n(x^p - x)x^{n-p}$ 是零多项式或次数 $< n$ 的多项式. 由归纳假设及开始的讨论知, 存在整系数多项式 $q_1(x)$, $r_1(x)$, 使得

$$f(x) - a_n(x^p - x)x^{n-p} = (x^p - x)q_1(x) + r_1(x),$$

其中 $r_1(x)$ 为零多项式或次数 $< p$ 的多项式. 取 $q(x) = a_n x^{n-p} + q_1(x)$ 及 $r(x) = r_1(x)$ 即可.

(ii) 由费马小定理知, 对任何整数 a, 有 $a^p - a \equiv 0 \pmod p$. 因此, $f(a) = (a^p - a)q(a) + r(a) \equiv r(a) \pmod p$. 从而, $f(a) \equiv 0 \pmod p$ 当且仅当 $r(a) \equiv 0 \pmod p$. 所以, 同余方程 $f(x) \equiv 0 \pmod p$ 与同余方程 $r(x) \equiv 0 \pmod p$ 同解.

4. 见第 6 章第 23 题.

习　题　2.2

1. 11 的所有二次剩余为 $x \equiv 1, 3, 4, 5, 9 \pmod{11}$; 11 的所有二次非剩余为

$$x \equiv 2, 6, 7, 8, 10 \pmod{11}.$$

2. 2 是 97 的二次剩余.

3. 对于任给的整数 $n \geqslant 3$, 用 M_n 表示不超过 n 的所有正奇数的乘积, 设 p_n 是 $M_n^2 - 2$ 的一个素因数, 则 $p_n > n$, 并且 2 是 p_n 的二次剩余. 由于 n 可以任意大, 故存在无穷多个素数 p, 使得 2 是 p 的二次剩余.

4. 对于任给的正整数 n, 用 M_n 表示不超过 n 的所有正奇数的乘积, 由于 $M_n^2 + 2 \equiv 3 \pmod 4$, 故存在 $M_n^2 + 2$ 的素因数 p_n 使得 $p_n \equiv 3 \pmod 4$. 从而, -1 是 p_n 的二次非剩余. 由 $p_n \mid M_n^2 + 2$ 知, -2 是 p_n 的二次剩余, 并且 $p_n > n$. 因此, $2 = (-1)(-2)$ 是 p_n 的二次非剩余. 由于 n 可以任意大, 故存在无穷多个素数 p, 使得 2 是 p 的二次非剩余.

5. 用反证法. 假设形如 $4n+1$ 的素数只有有限多个, 它们为 $p_1, \cdots, p_k$. 令 $N = (2p_1 \cdots p_k)^2 + 1$. 设 p 为 N 的一个素因数, 则

$$(2p_1 \cdots p_k)^2 \equiv -1 \pmod p.$$

因此, -1 是 p 的二次剩余. 从而, p 是形如 $4n+1$ 的素数. 因此, p 是 $p_1, \cdots, p_k$ 中的一个. 这样, $N - (2p_1 \cdots p_k)^2$ 是 p 的倍数, 即 1 是 p 的倍数, 矛盾. 所以, 形如 $4n+1$ 的素数有无穷多个.

6. 由 $p \nmid a$ 知, $an + b$ $(n = 1, \cdots, p)$ 是模 p 的一个完全剩余系, 其中二次剩余与二次非剩余的个数相等, 还有一项为 p 的倍数, 因此

$$\sum_{n=1}^{p} \left(\frac{an+b}{p}\right)$$

中 1 的个数与 -1 的个数相等, 还有一个 0, 故

$$\sum_{n=1}^{p} \left(\frac{an+b}{p}\right) = 0.$$

习 题 2.3

1. 51 是 173 的二次剩余.

2. 同余方程 $13x^2 \equiv 301 \pmod{349}$ 无解.

3. 以 5 为二次剩余的所有奇素数为 $p \equiv \pm 1 \pmod 5$.

4. 见第 6 章第 26 题.

5. 见第 6 章第 43 题.

6. 见第 6 章第 44 题.

习 题 2.4

1. 101, 3744 可以表示成两个整数的平方和; 23, 48807 不可以表示成两个整数的平方和.

2. 直接应用定理 2.4.2.

3. 见第 6 章第 27 题.

4. 见第 6 章第 28 题.

5. 设 $au_1 + v_1 = au_2 + v_2\,(0 \leqslant u_1, u_2, v_1, v_2 < \sqrt{p})$, 则 $a(u_1 - u_2) = v_2 - v_1$. 由 $p \mid a^2 + 1$ 及 $p \neq a^2 + 1$ 知, $a^2 + 1 \geqslant 2p$. 由此知, $a > \sqrt{p}$. 如果 $u_1 \neq u_2$, 则 $|a(u_1 - u_2)| \geqslant a > \sqrt{p}$, 与 $|v_2 - v_1| < \sqrt{p} - 0 = \sqrt{p}$ 矛盾. 因此, $u_1 = u_2$. 再由 $a(u_1 - u_2) = v_2 - v_1$ 知, $v_1 = v_2$.

习 题 2.5

1. 由于平方数被 8 除, 余数为 $0, 1, 4$, 故三个整数的平方和被 8 除, 余数不可能为 7.

2. 见第 6 章第 29 题.

习 题 2.6

1. 满足 $37 \mid 2^n - 1$ 所有正整数为 $n = 36k$, 其中 k 为正整数.

2. 见第 6 章第 30 题 (取 $a = 2$).

3. 参考例 2 的证明.

4. 设 a 模 q 的阶为 r. 由于 q 是 $a^p + 1$ 的素因数, 故 $a^p \equiv -1 \pmod q$. 由此得 $a^{2p} \equiv 1 \pmod q$. 由阶的性质知, $r \mid 2p$. 假设 $p \nmid r$, 则由 $r \mid 2p$ 知, $r \mid 2$. 这样, $r \mid p - 1$. 因此, $a \equiv a \cdot a^{p-1} \equiv a^p \equiv -1 \pmod q$, 与 $q \nmid a + 1$ 矛盾. 所以, $p \mid r$. 由阶的性质知, $r \mid q - 1$. 从而, $p \mid q - 1$. 由此知, q 为奇素数. 因此, $2p \mid q - 1$. 所以, 存在正整数 n, 使得 $q = 2np + 1$.

5. 设整数 $m > 8$. 令 $N = m!^8 + 1$. 参考例 4 的证明.

6. 见第 6 章第 52 题.

7. 设 a^u 模 m 的阶为 r, 则 $a^{ur} \equiv 1 \pmod m$. 由于 a 模 m 的阶为 uv, 故 $uv \mid ur$. 因此, $v \mid r$. 由 $a^{uv} \equiv 1 \pmod m$ 及 a^u 模 m 的阶为 r 知, $r \mid v$. 所以, $r = v$, 即 a^u 模 m 的阶为 v.

8. 由升幂定理知, $\nu_p(a^{pr} - 1) = 1 + \nu_p(a^r - 1) \geqslant 2$. 从而, $a^{pr} \equiv 1 \pmod{p^2}$. 设 a 模 p^2 的阶为 s, 则 $s \mid pr$, $a^s \equiv 1 \pmod{p^2}$. 从而, $a^s \equiv 1 \pmod p$. 由 a 模 p 的阶为 r 知, $r \mid s$. 令 $s = rs_1$, 则由 $s \mid pr$ 知, $s_1 \mid p$. 由 $p^2 \mid a^s - 1$ 及 $p^2 \nmid a^r - 1$ 知, $s_1 \neq 1$. 因此, $s_1 = p$, 即 $s = pr$.

习 题 2.7

1. $5, 17, 18, 151$ 均有原根, $12, 15, 143$ 均没有原根.

2. $13, 19, 41$ 的最小正原根分别为 $2, 2, 6$.

3. 7 是所有 $13^{\alpha}, 2 \cdot 13^{\alpha}$ 的原根, 其中 α 为正整数.

4. (1) 同余方程 $2x^8 \equiv 5 \pmod{11}$ 无解;

(2) $18x^{17} \equiv 9 \pmod{11}$ 的全部解为 $x \equiv 7 \pmod{11}$.

第 2 章总习题

1. 见第 6 章第 31 题.

2. 见第 6 章第 32 题.

3. 见第 6 章第 30 题.

4. 见第 6 章第 33 题.

5. 见第 6 章第 40 题.

6. 见第 6 章第 41 题.

7. 见第 6 章第 49 题.

8. 必要性. 设同余方程 $ax^2 + bx + c \equiv 0 \pmod{p}$ 有解 $x \equiv x_0 \pmod{p}$, 则 $4a(ax_0^2 + bx_0 + c) \equiv 0 \pmod{p}$, 即 $(2ax_0 + b)^2 \equiv d \pmod{p}$. 所以, $x^2 \equiv d \pmod{p}$ 有解.

充分性. 设同余方程 $x^2 \equiv d \pmod{p}$ 有解 $x \equiv x_1 \pmod{p}$. 由于 p 为奇素数, $p \nmid a$, 故 $2ax + b \equiv x_1 \pmod{p}$ 有解, 设它的解为 $x \equiv x_2 \pmod{p}$. 这样, $(2ax_2 + b)^2 \equiv x_1^2 \equiv d \equiv b^2 - 4ac \pmod{p}$. 由此及 $(p, 4a) = 1$ 得 $ax_2^2 + bx_2 + c \equiv 0 \pmod{p}$. 所以, 同余方程 $ax^2 + bx + c \equiv 0 \pmod{p}$ 有解.

9. 设 $x \equiv x_1 \pmod{m_1m_2}$ 为同余方程 $f(x) \equiv 0 \pmod{m_1m_2}$ 的一解, 则 $f(x_1) \equiv 0 \pmod{m_1m_2}$. 由此得 $f(x_1) \equiv 0 \pmod{m_1}$, $f(x_1) \equiv 0 \pmod{m_2}$, 即 $x \equiv x_1 \pmod{m_1m_2}$ 为同余方程组 $f(x) \equiv 0 \pmod{m_1}$, $f(x) \equiv 0 \pmod{m_2}$ 的一个解.

反过来, 设 $x \equiv x_2 \pmod{m_1m_2}$ 为同余方程组 $f(x) \equiv 0 \pmod{m_1}$, $f(x) \equiv 0 \pmod{m_2}$ 的一个解, 则 $f(x_2) \equiv 0 \pmod{m_1}$, $f(x_2) \equiv 0 \pmod{m_2}$. 由 m_1, m_2 互素知, $f(x_2) \equiv 0 \pmod{m_1m_2}$, 即 $x \equiv x_2 \pmod{m_1m_2}$ 为同余方程 $f(x) \equiv 0 \pmod{m_1m_2}$ 的一个解.

10. 见第 6 章第 42 题.

11. 见第 6 章第 47 题.

12. 见第 6 章第 50 题.

13. 46 的最小正原根为 5.

14. 见第 6 章第 51 题.

15. (i), (ii), (iii) 直接由勒让德符号的性质得到.

(iv) 对于奇数 u, v, 有 $uv - 1 \equiv (u-1) + (v-1) \pmod{4}$. 反复利用这同余式, 得: $m - 1 \equiv (p_1 - 1) + \cdots + (p_t - 1) \pmod{4}$. 由此可得第一个等式.

对于奇数 u, v, 有 $(uv)^2 - 1 \equiv (u^2 - 1) + (v^2 - 1) \pmod{16}$. 反复利用这同余式, 得: $m^2 - 1 \equiv (p_1^2 - 1) + \cdots + (p_t^2 - 1) \pmod{16}$. 由此可得第二个等式.

(v) 将 m, n 写成素数 (可以相同) 的乘积: $m = p_1 \cdots p_t$, $n = q_1 \cdots q_s$, 利用二次互反律及 (iv) 的解答中的同余式, 得

$$\begin{aligned}\left(\frac{n}{m}\right)&=\prod_{i=1}^{t}\left(\frac{n}{p_i}\right)=\prod_{i=1}^{t}\prod_{j=1}^{s}\left(\frac{q_j}{p_i}\right)\\&=\prod_{i=1}^{t}\prod_{j=1}^{s}(-1)^{\frac{p_i-1}{2}\cdot\frac{q_j-1}{2}}\left(\frac{p_i}{q_j}\right)\\&=(-1)^{\sum_{1\leqslant i\leqslant t}\frac{p_i-1}{2}\sum_{1\leqslant j\leqslant s}\frac{q_j-1}{2}}\prod_{i=1}^{t}\prod_{j=1}^{s}\left(\frac{p_i}{q_j}\right)\\&=(-1)^{\frac{n-1}{2}\cdot\frac{m-1}{2}}\prod_{j=1}^{t}\left(\frac{m}{q_j}\right)\\&=(-1)^{\frac{n-1}{2}\cdot\frac{m-1}{2}}\left(\frac{m}{n}\right).\end{aligned}$$

16. 将 m 写成素数 (可以相同) 的乘积: $m=p_1\cdots p_t$, 则

$$\prod_{i=1}^{s}\left(\frac{a}{p_i}\right)=\left(\frac{a}{m}\right)=-1.$$

从而, 存在 $1\leqslant i_0\leqslant t$, 使得

$$\left(\frac{a}{p_{i_0}}\right)=-1.$$

根据勒让德符号的意义知, $x^2\equiv a \pmod{p_{i_0}}$ 无解. 因此, $x^2\equiv a \pmod{m}$ 无解.

17. 取 $a=3$, $m=35$, 则

$$\left(\frac{a}{m}\right)=\left(\frac{3}{5}\right)\left(\frac{3}{7}\right)=1.$$

但 $x^2\equiv 3 \pmod 5$ 无解, 从而, 同余方程 $x^2\equiv 3 \pmod{35}$ 无解.

习 题 3.1

1. 不定方程 $15x+31y=19$ 的全部解为 $x=-7+31t$, $y=4-15t$ $(t\in\mathbb{Z})$.
2. 由于 $(55,30)=5$ 及 $5\nmid 28$, 故不定方程 $55x+30y=28$ 无解.
3. 不定方程 $7x+13y=301$ 的全部正整数解为 $(x,y)=(30,7)$, $(17,14)$, $(4,21)$.
4. 不定方程 $35x-26y=2$ 的全部正整数解为 $x=6+26t$, $y=8+35t$ $(t=0,1,\cdots)$.
5. 不定方程 $14x_1+21x_2+19x_3=232$ 的全部解为 $x_1=-25+3s-19t$, $x_2=25-2s+19t$, $x_3=3-7t$ $(s,t\in\mathbb{Z})$.

习 题 3.2

1. $(x,y)=(40,9)$, $(9,40)$.
2. 模 3, 得 $(-1)^z\equiv 1 \pmod 3$. 由此得 z 是偶数, 设 $z=2z_1$. 这样, $5^{2z_1}-2^{2y}=3^x$, 即 $(5^{z_1}-2^y)(5^{z_1}+2^y)=3^x$. 由此知, 存在整数 a,b, 使得 $5^{z_1}-2^y=3^a$, $5^{z_1}+2^y=3^b$. 两式相加: $2\cdot 5^{z_1}=3^a+3^b$. 注意到 $a<b$, 有 $a=0$. 因此, $5^{z_1}-2^y=1$. 如果 $y\geqslant 3$, 那么 $5^{z_1}=2^y+1\equiv 1$

(mod 8). 由此得 z_1 为偶数, 设 $z_1 = 2z_2$, 则 $(5^{z_2}-1)(5^{z_2}+1) = 5^{z_1}-1 = 2^y$. 由此知, 存在整数 u, v, 使得 $5^{z_2}-1 = 2^u$, $5^{z_2}+1 = 2^v$. 两式相减: $2^v - 2^u = 2$. 由此得 $u = 1$, $v = 2$. 这样, $5^{z_2} = 2^u + 1 = 3$, 这不可能. 因此, $y \leqslant 2$. 再由 $5^{z_1} - 2^y = 1$ 知, $y = 2$, $z_1 = 1$. 从而, $z = 2z_1 = 2$. 由 $3^x + 4^y = 5^z$ 得 $x = 2$.

3. 对于整数 n, 有

$$n^2 \equiv 0,1 \pmod 3, \quad n^2 \equiv 0,1,4 \pmod 8, \quad n^2 \equiv 0,1,4 \pmod 5.$$

这样, 利用 $a^2+b^2 \equiv c^2 \pmod 3$ 得 $3 \mid ab$; 利用 $a^2+b^2 \equiv c^2 \pmod 8$ 得 $4 \mid ab$; 利用 $a^2+b^2 \equiv c^2 \pmod 5$ 得 $5 \mid abc$. 所以, $60 \mid abc$.

习　题　3.4

1. $x^2 - 7y^2 = 1$ 的全部正整数解是由以下公式给出的全部正整数对 (x_n, y_n): $x_n + \sqrt{7}y_n = (8+3\sqrt{7})^n$ $(n = 1, 2, \cdots)$.

2. 细节可参考第 6 章第 34 题. 设 (x_n, y_n) 是满足 $x_n + \sqrt{5}y_n = (2+\sqrt{5})^n$ 的正整数对, 则 $x_n - \sqrt{5}y_n = (2-\sqrt{5})^n$. 因此

$$\begin{aligned} x_{2n+1}^2 - 5y_{2n+1}^2 &= (x_{2n+1} + \sqrt{5}y_{2n+1})(x_{2n+1} - \sqrt{5}y_{2n+1}) \\ &= (2+\sqrt{5})^{2n+1}(2-\sqrt{5})^{2n+1} \\ &= (-1)^{2n+1} = -1. \end{aligned}$$

所以, $x^2 - 5y^2 = -1$ 有无穷多组正整数解.

3. 必要性. 设 $u_1 \leqslant u_2$, 由 $dv_1^2 + 1 = u_1^2 \leqslant u_2^2 = dv_2^2 + 1$ 知, $v_1 \leqslant v_2$. 从而, $u_1 + \sqrt{d}v_1 \leqslant u_2 + \sqrt{d}v_2$.

充分性. 设 $u_1 + \sqrt{d}v_1 \leqslant u_2 + \sqrt{d}v_2$. 用反证法. 假设 $u_1 > u_2$, 由 $dv_1^2 + 1 = u_1^2 > u_2^2 = dv_2^2 + 1$ 知, $v_1 > v_2$. 这样, $u_1 + \sqrt{d}v_1 > u_2 + \sqrt{d}v_2$, 矛盾. 所以, $u_1 \leqslant u_2$.

第 3 章总习题

1. 见第 6 章第 35 题.

2. 见第 6 章第 10 题.

3. 由 $u + v\sqrt{d} = s + t\sqrt{d}$ 知, $(v-t)\sqrt{d} = s-u$. 若 $v - t \neq 0$, 则 $s - u \neq 0$. 由 $(v-t)\sqrt{d} = s-u$ 知, $(v-t)^2d = (s-u)^2$. 由于 d 不是平方数, 故 $(v-t)^2d$ 的标准分解式中素数的幂次不全是偶数. 而 $(s-u)^2$ 的标准分解式中素数的幂次全是偶数, 矛盾. 所以, $v - t = 0$. 从而, $s - u = (v-t)\sqrt{d} = 0$. 因此, $u = s$, $v = t$.

4. 设 x_n 与 y_n 为正整数, 满足 $x_n + y_n\sqrt{d} = (x_1 + y_1\sqrt{d})^n$, 则由二项展开式知, $x_n - y_n\sqrt{d} = (x_1 - y_1\sqrt{d})^n$. 由这两式解得 x_n, y_n, 即为 $x^2 - dy^2 = 1$ 的全部正整数解.

习　题　4.1

1. 20! 的标准分解式为 $20! = 2^{18}\cdot 3^8\cdot 5^4\cdot 7^2\cdot 11\cdot 13\cdot 17\cdot 19$.

2. 105! 末尾 0 的个数为 25.

3. 见第 6 章第 36 题.

4. 见第 6 章第 53 题.

习 题 4.2

1. $$\sum_{1\leqslant n\leqslant x}\sqrt{n}=1+\int_1^x\sqrt{t}\mathrm{d}[t]=[x]\sqrt{x}-\int_1^x\frac{[t]}{2\sqrt{t}}\mathrm{d}t$$
$$=[x]\sqrt{x}-\int_1^x\frac{t}{2\sqrt{t}}\mathrm{d}t+\int_1^x\frac{\{t\}}{2\sqrt{t}}\mathrm{d}t$$
$$=[x]\sqrt{x}-\frac{1}{3}x^{\frac{3}{2}}+\frac{1}{3}+\int_1^x\frac{\{t\}}{2\sqrt{t}}\mathrm{d}t$$
$$=\frac{2}{3}x^{\frac{3}{2}}+R(x),$$

其中

$$R(x)=-\{x\}\sqrt{x}+\frac{1}{3}+\int_1^x\frac{\{t\}}{2\sqrt{t}}\mathrm{d}t.$$

我们有

$$-\sqrt{x}+\frac{1}{3}<R(x)<\frac{1}{3}+\int_1^x\frac{1}{2\sqrt{t}}\mathrm{d}t=\sqrt{x}-\frac{2}{3}.$$

从而, $|R(x)|<\sqrt{x}$.

2. $$\sum_{1\leqslant n\leqslant x}\log n=\int_1^x\log t\mathrm{d}[t]$$
$$=[x]\log x-\int_1^x\frac{[t]}{t}\mathrm{d}t$$
$$=x\log x+R(x),$$

其中

$$R(x)=-\{x\}\log x-\int_1^x\frac{[t]}{t}\mathrm{d}t.$$

我们有 $R(x)<0$, $R(x)>-\log x-(x-1)>-2x$. 从而, $|R(x)|<2x$.

习 题 4.3

根据切比雪夫定理知, 对于实数 $x\geqslant 3$, 有

$$\frac{\log 2}{2}\frac{x}{\log x}<\pi(x)<(4\log 2)\frac{x}{\log x}.$$

因此, 当 $n\geqslant 2$ 时,

$$\frac{\log 2}{2}\frac{p_n}{\log p_n}<\pi(p_n)<(4\log 2)\frac{p_n}{\log p_n},$$

即

$$\frac{\log 2}{2}\frac{p_n}{\log p_n}<n<(4\log 2)\frac{p_n}{\log p_n}.$$

注意到 $p_n > n$, 有

$$p_n > \frac{1}{4\log 2} n \log p_n > \frac{1}{4\log 2} n \log n.$$

当 $x \geqslant 4$ 时, $\log x < \sqrt{x}$. 当 $n \geqslant 3$ 时,

$$n > \frac{\log 2}{2} \frac{p_n}{\log p_n} > \frac{\log 2}{2} \sqrt{p_n} > \frac{1}{4} \sqrt{p_n}.$$

由此得 $p_n < 4^2 n^2 \leqslant n^5$. 这样

$$p_n < \frac{2}{\log 2} n \log p_n < \frac{10}{\log 2} n \log n.$$

当 $n = 2$ 时, 上式也成立.

习 题 4.4

1. $$\begin{aligned}\sum_{\frac{x}{2}<p\leqslant x} \frac{1}{p} &= \log\log x + A + O\left(\frac{1}{\log x}\right) - \log\log\frac{x}{2} - A - O\left(\frac{1}{\log(x/2)}\right) \\ &= -\log\left(1 - \frac{\log 2}{\log x}\right) + O\left(\frac{1}{\log x}\right) \\ &= O\left(\frac{1}{\log x}\right).\end{aligned}$$

2. $$\begin{aligned}|S(x)| &= \sum_{\sqrt{x}<p\leqslant x} \left[\frac{x}{p}\right] \\ &= \sum_{\sqrt{x}<p\leqslant x} \frac{x}{p} + O(\pi(x)) \\ &= x\left(\log\log x + A + O\left(\frac{1}{\log x}\right)\right) \\ &\quad -x\left(\log\log\sqrt{x} + A + O\left(\frac{1}{\log\sqrt{x}}\right)\right) + O\left(\frac{x}{\log x}\right) \\ &= (\log 2)x + O\left(\frac{x}{\log x}\right).\end{aligned}$$

习 题 4.5

1. (i) A 包含所有 2 的方幂;

(ii) 利用哈代–拉马努金定理及

$$\begin{aligned}A(x) &= |\{n \leqslant x : \Omega(n) > 2\log\log n\} \\ &\leqslant |\{n \leqslant x : |\Omega(n) - \log\log n| \geqslant (\log\log n)^{3/4}\}| + 30.\end{aligned}$$

2. 利用 $\Omega(4n) \neq \omega(4n)$.

习 题 4.6

1. (i) 由 Bertrand 假设知, $p_{n+1} < 2p_n$, $n = 1, 2, \cdots$.

(ii) 当 $n = 5, 6$ 时, 直接验证即可. 当 $n \geqslant 7$ 时, 由 (i) 知,

$$p_{n+1}^2 < 4p_n^2 < 8p_np_{n-1} < p_np_{n-1}p_{n-2}.$$

2. 由 Bertrand 假设知, 存在素数 p, 使得 $n/2 < p < n$ 的正整数. 因此, $n_1!\cdots n_k!$ 不是素数 p 的倍数, 从而不是 $n!$ 的倍数.

第 4 章总习题

1. 用反证法. 假设对充分大的整数 n, 区间 $(n, n+0.02\log n)$ 内总包含素数. 对于充分大的实数 x, 考虑区间

$$(k[0.03\log x], (k+1)[0.03\log x]), \quad k = 1, \cdots, [30x/\log x].$$

注意到 $(k+1)[0.03\log x] \leqslant (30x/\log x + 1)\cdot 0.03\log x < x$, 我们有 $\pi(x) \geqslant [30x/\log x] > 29x/\log x > (4\log 2)x/\log x$, 与切比雪夫定理矛盾.

2. 由切比雪夫定理知, 存在正常数 d_1, d_2, 使得 $d_1x/\log x \leqslant \pi(x) \leqslant d_2x/\log x$ 对所有实数 $x \geqslant 2$ 成立. 这样, $\theta(x) \leqslant \pi(x)\log x \leqslant d_2x$. 当 x 充分大时,

$$\theta(x) \geqslant (\pi(x) - \pi(\sqrt{x}))\log\sqrt{x} \geqslant (d_1x/\log x - \sqrt{x})\log\sqrt{x} \geqslant \frac{1}{2}d_1x.$$

由此得到所要的正常数 c_1, c_2.

3. 由 Bertrand 假设知, 存在奇素数 p, 使得 $n/2 < p \leqslant n$ 的正整数. 根据欧拉函数的计算公式, 只要证明: 对任何不超过 n 的素数方幂 q^α, $\varphi(q^\alpha) = q^{\alpha-1}(q-1)$ 不是 p 的倍数.

4. 满足 $\Omega(n) = \omega(n)$ 的正整数 n 就是不能被素数平方整除的数, 当 $x \geqslant 12$ 时, 在不超过 x 的正整数 n 中, 能被素数的平方整除的数的个数不超过

$$1 + \frac{x}{2^2} + \frac{x}{3^2} + \frac{x}{5^2} + \cdots < 1 + \left(\frac{1}{2^2} + \frac{1}{2\cdot 3} + \cdots\right)x \leqslant \frac{5}{6}x.$$

因此, 在不超过 x 的正整数 n 中, 满足 $\Omega(n) = \omega(n)$ 的正整数 n 的个数至少为 $x/6$. 对于任何实数 $2 \leqslant x < 12$, 在不超过 x 的正整数 n 中, 满足 $\Omega(n) = \omega(n)$ 的正整数 n 的个数至少为 $x/6$.

习 题 5.1

1. 第 7 个法里数列:

$$\frac{0}{1},\ \frac{1}{7},\ \frac{1}{6},\ \frac{1}{5},\ \frac{1}{4},\ \frac{2}{7},\ \frac{1}{3},\ \frac{2}{5},\ \frac{3}{7},\ \frac{1}{2},\ \frac{4}{7},$$

$$\frac{3}{5},\ \frac{2}{3},\ \frac{5}{7},\ \frac{3}{4},\ \frac{4}{5},\ \frac{5}{6},\ \frac{6}{7},\ \frac{1}{1}.$$

2. 第 n 个法里数列 $\mathcal{F}_n$ 比第 $n-1$ 个法里数列 $\mathcal{F}_{n-1}$ 多出的数为 a/n, 其中 $1 \leqslant a \leqslant n$, $(a,n)=1$, 共有 $\varphi(n)$ 个数. 从而, $|\mathcal{F}_n| = |\mathcal{F}_{n-1}| + \varphi(n)$. 注意到 $|\mathcal{F}_1| = 2 = 1+\varphi(1)$, 有

$$|\mathcal{F}_n| = 1 + \sum_{1\leqslant k\leqslant n} \varphi(k).$$

习 题 5.2

1. 参考本节例 1 的证明.

2. 令 $\alpha = \sqrt{2}+\sqrt{3}$, 则 $\alpha^2 = 5+2\sqrt{6}$, $(\alpha^2-5)^2 = 24$, 即 $\alpha^4 - 10\alpha^2 + 1 = 0$. 因此, $\alpha = \sqrt{2}+\sqrt{3}$ 是 $x^4-10x^2+1=0$ 的根. 因为 x^4-10x^2+1 是有理数域上的不可约多项式, 所以, $\sqrt{2}+\sqrt{3}$ 是 4 次代数数.

习 题 5.3

1. $[2,1,1,5,19]$.

2. $\sqrt{3} = [1,\dot{1},\dot{2}]$. 第 3 个渐近分数为 $[1,1,2,1] = 7/4$, 第 4 个渐近分数为 $[1,1,2,1,2] = 19/11$, 所以, $\sqrt{3}$ 与它的第 3 个渐近分数 $7/4$ 的误差不超过 $7/4 - 19/11 = 1/44$.

3. 设 $\alpha = [\dot{2},\dot{3}]$, 则 $\alpha = [2,3,\alpha] = [2,3+\alpha^{-1}] = 2+\alpha/(3\alpha+1)$. 从而, $3\alpha^2-6\alpha-2=0$. 又 $\alpha > 2$, 故 $\alpha = (6+\sqrt{60})/6 = (3+\sqrt{15})/3$. 因此, $[2,\dot{2},\dot{3}] = 2+3/(3+\sqrt{15}) = 2+3(3-\sqrt{15})/(-6) = (\sqrt{15}+1)/2$.

第 5 章总习题

1. (i) 当 $|\sqrt{2}-p/q| \geqslant 1$ 时, 结论成立. 当 $|\sqrt{2}-p/q| < 1$ 时,

$$(2\sqrt{2}+1)\left|\sqrt{2}-\frac{p}{q}\right| \geqslant \left|\sqrt{2}-\frac{p}{q}\right|\left|\sqrt{2}+\frac{p}{q}\right| = \left|\frac{2q^2-p^2}{q^2}\right| \geqslant \frac{1}{q^2}.$$

由此得所要的结论.

(ii) 利用连分数的性质及 $\sqrt{2} = [1,\ 2,\ 2,\cdots]$, 有

$$\left|\sqrt{2}-\frac{p_n}{q_n}\right| < \frac{1}{q_nq_{n+1}} < \frac{1}{2q_n^2}.$$

2. 设 $\sqrt{d} = [a_0,a_1,\cdots]$, $\beta_n = [a_n,a_{n+1},\cdots]$, 则

$$\sqrt{d} = [a_0,a_1,\cdots a_{n-1},\beta_n] = (\beta_np_{n-1}+p_{n-2})/(\beta_nq_{n-1}+q_{n-2}),$$

即

$$d(\beta_nq_{n-1}+q_{n-2})^2 = (\beta_np_{n-1}+p_{n-2})^2,$$

即

$$(dq_{n-1}^2-p_{n-1}^2)\beta_n^2 + 2(dq_{n-1}q_{n-2}-p_{n-1}p_{n-2})\beta_n + dq_{n-2}^2 - p_{n-2}^2 = 0.$$

利用连分数的性质知, 上述等式中, $dq_{n-1}^2-p_{n-1}^2$, $2(dq_{n-1}q_{n-2}-p_{n-1}p_{n-2})$, $dq_{n-2}^2-p_{n-2}^2$ 均有界, 从而, β_n 为有限个一元二次方程的根, 因此, 存在不同的正整数 m,n, 使得 $\beta_m = \beta_n$. 由此得 $\sqrt{d}$ 的连分数展开式一定是周期连分数.

3. 参照第 2 题.

参考文献

华罗庚, 1957. 数论导引. 北京: 科学出版社.

闵嗣鹤, 严士健, 1957. 初等数论. 北京: 人民教育出版社.

潘承洞, 潘承彪, 1992. 初等数论. 北京: 北京大学出版社.

潘承洞, 潘承彪, 1998. 简明数论. 北京: 北京大学出版社.

Guy R K, 2007. Unsolved Problems in Number Theory. 3rd ed. 北京: 科学出版社.

Hardy G H, Wright E M, 2007. An Introduction to the Theory of Numbers. 北京: 人民邮电出版社.

Nathanson M B, 2003. Elementary Methods in Number Theory. 北京: 世界图书出版公司.